3小時讀通 漫畫版

微積分

石山 平、大上丈彥◎合著

Medaka-College◎監修　陳玉華◎翻譯

前言

　　近年來，經常在報紙上看到年輕人「討厭數學」及「排斥理科」的相關報導。不過，至少拿起本書的你，應該不會是「討厭數學的人」吧。在這個社會，會表明自己喜歡數學的人並不多，雖然「喜歡討厭」和「會不會」本來就不能相提並論，但似乎許多人會將這兩者混為一談，導致有很多人會說：「雖然我喜歡數學，但因為數學不好，所以不能大聲地說『喜歡』。」本書就是為了讓這樣的人說出「我喜歡數學」、「數學很有趣」而編寫的。

　　數學是一門很艱深的學問，不過，不會因為困難就覺得無趣，這也是人類有意思的一點。對喜歡拼圖的人來說，難度高的拼圖就是好玩的拼圖。至於數學為什麼會很艱澀難懂，有個很重要的原因，那就是「教學方法」有問題。數學的內容既不是語言也不是旋律，而是一種「概念」。如果聽不懂這個說明，請試著想一下「準備將某個朋友介紹給另一位朋友」這件事。要介紹時，一定會為了想些「臉長得像某位藝人、說話的方式……」等描述而絞盡腦汁吧，或是畫出人像、拿照片給對方看，但不管怎麼做，還是沒有一種描述可以稱為「最終版本」。「朋友」是由外表、性格及生活小插曲等，在自己腦海中形成的一種概念，要將這種概念傳達

給別人，基本上就不容易。

但是，有時也會因為某種機緣而成功地將概念傳達出去。舉例來說，關於某個人的事若聽過多次之後，只要有機會見到本人，也會產生像老朋友般的感覺，這是因為有關他的概念已經成功地傳達給你了。那麼，究竟要如何做才能產生這種效果呢？

很抱歉，這並沒有一套固定的方法。

當我們到書店時，會看到書架上陳列著許多數學的入門書，這就表示目前還沒有一本入門書可以稱為最終版本。不過，如前所述，即使沒有最終版本，有時候還是會因為某種機緣而把概念成功地傳達出去。即使是同樣一件事，只要換個人說明，就會出現完全理解或無法理解的情況，甚至連自己的身體狀況也會左右理解的程度，這就是人類的特點。

對我們這些「想讓大家瞭解數學有趣之處」而進行各種活動的團體而言，坊間有許多數學入門書反而是一件令人開心的事。事實上，如果有越來越多人因為看了Medaka-College編纂的這本書而對數學有進一步的認識，或者這本書暢銷的話，我們和出版社當然都會很開心。不過，不論我們的書寫得多麼簡單易懂，如果只剩下一本入門書，或者其他書都消失的話（雖然不會有這樣的事），這樣是不行的。因為，有各式各樣的入門書是很重要的。唯有這樣，才能以不同方法、不同方式、不同措辭來說明同一件事。不須全部瞭解，只要能利用其中一本書學會就行了，這才是入門書的本質。

有些入門書會提出「不使用公式」的聲明，但本書會使用公式。雖然有人說，使用公式會導致讀者越來越少（笑），但就像最能表現出音樂的東西是樂譜一樣，最能完

美表現出數學的也是公式。另外，雖然本書裡採用「漫畫」來說明，但文字部分還是占有相當的分量。漫畫或插圖雖然比較容易理解，但畢竟不是萬能之神。因此，在編寫本書時，只要覺得利用文字說明比較清楚，就會使用文字；使用插圖比較好懂，就會使用插圖。總之，目的還是在於設法將概念順利傳達出去。

請務必利用本書，大致掌握微積分的目的與用途，以及微積分是靠何種理論運作的。這裡所說的「大致掌握」是非常重要的事。而且，「概念」就算要懂，也只要達到「差不多的程度」就夠了。這是一個目標，而且，只要有這個目標就夠了。

微積分在人生中有一絲一毫的用處嗎？有這種想法的人應該是尚未遇到必須具體使用算式的情況吧。但即使是這樣的人，數學的「概念」對他們也很有幫助，因為數學會教導我們該如何面對難題。只要能夠「大致」瞭解數學，過去一直存在的「困難＝無趣」的想法或許也會轉變為「困難＝有趣」。

如果有更多人因為本書而產生「數學困難＝有趣」的想法，這將會是我們無上的喜悅。

CONTENTS

微積分到底是什麼呢？為什麼教科書會這麼難懂？

石山平、大上丈彥 合著
Medaka College 監修

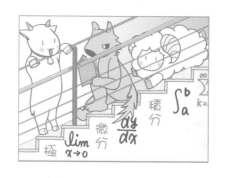

CONTENTS

第 1 章

微分

從前，有個地方，住著兩位魔法師，
他們是微分和積分。

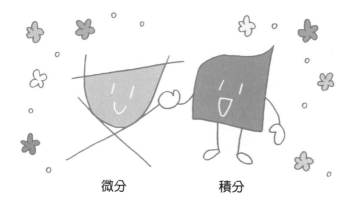

微分　　　　　積分

01　微積分與艾克索三圈半跳躍

　　數學並不是以「娛樂」為目的發展出來的。對喜愛數學勝過三餐的人而言，或許會因為函數或公式而感到快樂，但這樣的人絕非多數。公式、函數、計算方法等等，全都是為了解開「某項」謎題而想出的方法。這一點和花式滑冰為了取得高分，而不斷編排出嶄新的跳躍技術的狀況非常類似。

　　然而，滑冰的跳躍可以吸引眾人的關注，但是……

　　數學，特別是微積分等，卻受到眾人的厭惡。

這是為什麼呢？
我認為理由有以下幾點。

①什麼 x 啊 y 的，符號繁多，很複雜。
②措辭艱澀難懂。
③會突然冒出沒有人說明過的內容（自己如此覺得，實際
　上，一定已經在某個地方學過了）。
④數學老師有點令人討厭。
⑤從一開始就不知道學習目的為何。

　　其中的①～④項，只要自己再學習一次，就可以克服。而會拿起這本書的你，一定都有「想再挑戰數學一次！」「當時雖然完全不懂，但現在或許可以稍微理解一些」的想法吧。

白費力氣最令人痛苦之卷

據說，在西伯利亞的強制收容所中，有一種逼供方式是要人反覆不停地挖洞填洞、挖洞填洞……

人類無法長期持續做一件沒有目的的事。

在學校所學的數學，大部分是「目的」和「用途」都不太清楚的！

因此，大家就變得很討厭數學了。真可惜。

至於⑤的不知學習目的為何，倒是一個很困難的問題。花式滑冰的跳躍因為「轉越多圈分數越高，看起來也很華麗」，所以大家都會關心注意。但對於數學或微積分等，是什麼狀況呢？

「就算懂，那又如何？」

一般都會有這樣的想法吧，這就是因為大家不太理解微積分的存在意義與價值的關係。而且，連學校也不會告訴我們這些。

老實說，學習數學並不全都是快樂的事，但是，這和練習棒球、鋼琴時，不全然都是愉快的情況是一樣的。唯一的差異在於棒球或鋼琴等，都有一個立即的目標。其實不論做什麼事，只要不知道「目的為何」，就很難產生鬥志。棒球也是一樣，如果練習的方式是每天「背誦比賽規則」，就會逐漸產生「不知道為什麼要做這些事」的疑問，並開始討厭棒球。

因此，本書一開始將先為大家說明「為什麼」要學習微分。

02　數學過敏症對策

　　在這個世界上，有許多人自稱有數學過敏症。那麼應該要如何做，才能不罹患數學過敏症呢？本書將探討其對策。首先必須做的是，

①大致理解

　　「10分鐘學會微積分」或者「30分鐘精通機率統計」等，市面上有很多這類主題的書。但是，看完這些書大多只能「約略理解」而已，所以會造成一知半解的狀況。因此，就必須

②實際動手，接觸公式

③嘗試解題

　　接下來，

④再一次大略地思考

　　只要依照上列步驟循序漸進，就可以順利繼續學習下去。

　　另外，人們之所以會討厭數學，其中的一大理由就是有許多人深信

必須要背一大堆公式

　　但是，公式這種東西並不是用來背的，而是

創造出來的

　　因此，我們的目標就是盡量不要死背。就算是非背不可的公式，也要等理解之後再背。

為什麼微分有存在的必要？這當然是因為微分是一種便利的工具。至於微分對哪方面能帶來哪些便利，這一點就留待後面再一一討論。這裡先為大家介紹微分真正的功能，也就是：

變化的分析

如果以直線來看，微分後的結果就是「斜率」。請在腦中畫一張直線的圖形。如果要表示直線上某一個點如何往另一個點變化，都會以斜率是「陡峭」或「和緩」等來表現。換句話說，只要對直線進行微分，就會出現「斜率」。而且，即使是蜿蜒的曲線，只要進行微分，就會出現各處的「斜率」。而用來分析「變化」的工具就是微分。

如果要問在這個世界上，有多麼需要分析變化的話，那我只能說，

真的是多到無法計算

至於有哪些例子呢？我將於本書介紹其中一部分。不過，在書中能夠介紹的僅是整體的一小部分而已，因為微分的應用範圍可是無限大的喔。

但是，在學校上數學課時，就很難實際感受到「微分的應用範圍很大」這一點。反正，學校的課程本來就是這樣嘛。

對微分的大致印象是？

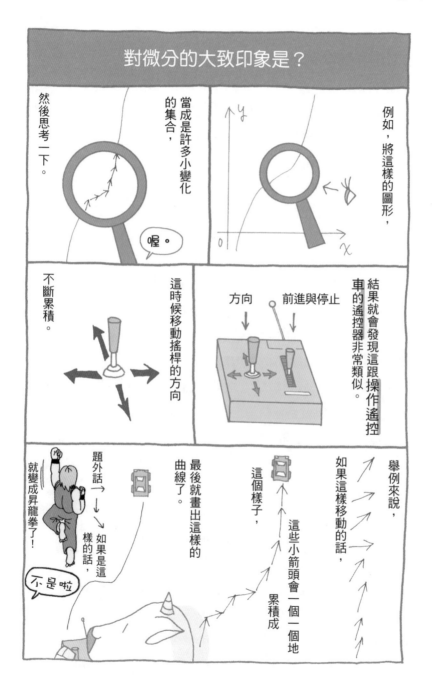

例如，將這樣的圖形，

當成是許多小變化的集合，

然後思考一下。

喔。

結果就會發現這跟操作遙控車的遙控器非常類似。

方向　　前進與停止

這時候移動搖桿的方向

不斷累積。

舉例來說，

如果這樣移動的話，

這些小箭頭會一個一個地

累積成

這個樣子，

最後就畫出這樣的曲線了。

題外話→↓↘　如果是這樣的話，

就變成昇龍拳了！

不是啦

　　前面提到，「微分的功能在於求出變化」。這樣突然提出變化的概念，或許會令大家一頭霧水，因此，我在這裡就以雲霄飛車為例來為大家說明。

　　雲霄飛車的軌道大部分都是曲線。因此，坐在雲霄飛車上的乘客可以視為是在軌道這種曲線上移動的一個點。當坐在雲霄飛車上時，不論是下坡或在平坦的軌道間行進，抑或爬坡時，身體都會因位置的改變而受到牽引或放鬆，而出現不同的身體感覺。身體之所以會像這樣隨著位置不同而產生不同的感覺，其中一項要素就是身體方向及速度的差異。由於雲霄飛車的軌道是曲線，且不斷地彎曲，因而不論在軌道上的哪一個點，身體都會變化成最適合那一個瞬間的方向與趨勢。

　　將這個例子放到數學上來看，曲線圖就有如雲霄飛車的軌道，圖形上的點就是在軌道上行駛的雲霄飛車。如果將曲線上的每一個點想像成行進的樣子，那麼，曲線上的各個點應該都正準備往不同方向前進。不過，如果是圖形上的點，就不知道它們是以什麼樣的速度在移動了。

　　因此，在數學中，當假設點是在曲線上移動時，便會將該點在下一瞬間的變化稱為「瞬間的斜率」。換句話說，「瞬間的斜率」就是指「曲線上的每個點在該點時的斜率」。

　　這個概念後面會再作詳細解說，總之，在數學中思考斜率的問題時，基本上都會取兩個點來看。因此，「一點的斜率」這種說法有點奇怪，所以我們才會採用「瞬間的斜率」這種說法。不過，這樣的說法還是有些不妥。由於微分這種觀念本來就是為了

解決物理學及天文學等有關運動的學問才發展出來的，因此在這類領域中，使用「瞬間」這種感覺是很正常的。但是，在去掉運動這種概念的數學曲線上，就會有人無法理解「瞬間」的意思。

　　因此，本書為了以數學式的、圖形的方式來說明，便決定不採用「瞬間的斜率」這種說法，而使用「一點的斜率」這種說法。因此，已習慣「瞬間的斜率」這種說法的人在書中看到「一點的斜率」時，請自行轉換為「瞬間的斜率」。至於第一次接觸微分的人，則請記住「瞬間的斜率」才是通用的用語。

　　此外，也請記住，當要計算一般很難算出的「一點的斜率」時，微分是一種非常方便的工具。

　　接下來是題外話，不知道各位有沒有想過，當軌道在某一個瞬間消失時，行走中的雲霄飛車會出現什麼樣的變化呢？這個問題的答案當然是會筆直地往前飛出去。而雲霄飛車在這時候往前飛去的方向其實正好是曲線的切線（tangent line）。因此，「瞬間的斜率」＝「一點的斜率」這個概念也可以用來求出切線。

05　氣氛曲線的最高潮在哪裡？

　　為了說明哪些時候會使用微分，就先來想像一下一件事，那就是：

求出斜率

「斜率」並不是一個很特殊的數學用語，它和一般使用的「坡度」是一樣的。只要坡度越接近垂直，就代表有突然上升的趨勢。

　　舉例來說，就像在KTV唱歌時，看準時機，「唱出會令人High翻天的歌曲」一樣。你已經準備好一首可以炒熱氣氛的拿手好歌，也希望能在適當時機拿出來唱，好讓自己成為主角。那麼，什麼時候才是最理想的時機呢？

　　我們試著將包廂內的氣氛轉換為右頁的圖形。只要在氣氛趨勢向上攀升的時候唱出這首歌，包廂內的氣氛應該就會一口氣達到高潮，而這就是所謂的「最佳時機」。那麼，哪一個點的趨勢最好呢？只要看圖形，一眼就可以看出「大概是在這附近吧」，但要說出「準確來說，就是這一點最棒！」的話，卻是很困難的（雖然唱歌不需要像這樣計算出分秒不差的正確位置）。

　　但是，若不靠圖形來呈現的話，有沒有方法可以求出這個曲線的

每一個瞬間的趨勢

　　事實上是有的，而這就是「微分」。因此，請你也磨練一下自己對微分的敏銳度，並以成為KTV裡的主角為目標吧（笑）。

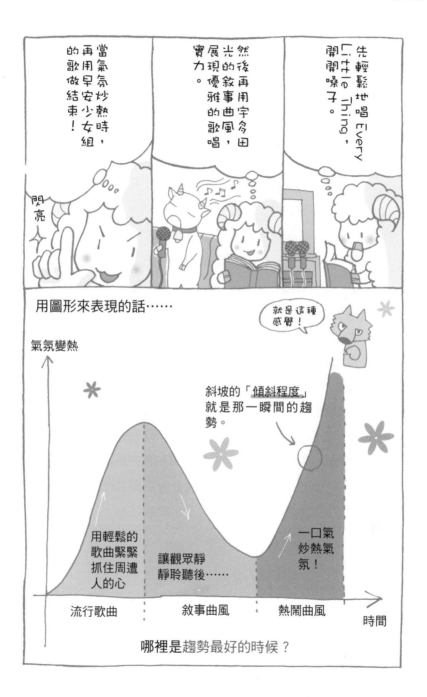

06　從圖形創造圖形

　　那麼，就從「氣氛圖形」再畫出另一個「氣氛趨勢圖形」吧。首先，要先仔細分析原來的圖形。氣氛會隨著時間而升降。以符號來表示「上升→下降→上升」的話，就是「＋→－→＋」，這一看就懂。但是，即使是在符號「＋」之中，也存在著差異，整個過程可細分為：從稍微開始上升的（①）開始，到上升趨勢最強的（②）、依舊維持上升趨勢但程度減弱的（③）、上升似乎快要停止的（④）最後是已經停止上升的（⑤）。

　　其實，趨勢最強的地方是在②。雖然頂點是在⑤，但如果在這一個點開始唱歌，接下來的氣氛就只會往下掉了。

　　將如此分析出來的結果畫成圖形，就可以看出，②是最高峰，在⑤之後，「氣氛趨勢」就開始往下掉了（也就是說，氣氛越來越低落）。

　　「氣氛圖形」的最低點只到零，不會出現負數（因為氣氛本身就不會往負向攀升。不過，如果將氣氛已經炒熱當成起始點（＝0）的話，或許就會有比起始點的氣氛還要低落的時段吧）。另一方面，「氣氛趨勢圖形」則當然會有正向，也會有負向。因為當氣氛越來越熱時，就會呈正向；而當氣氛越來越低迷時，就會呈負向。

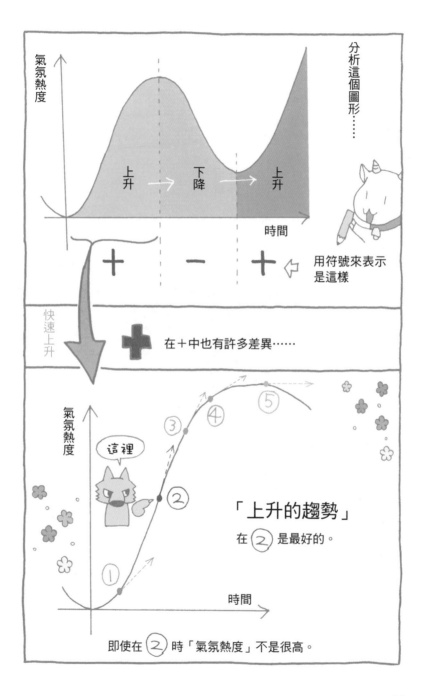

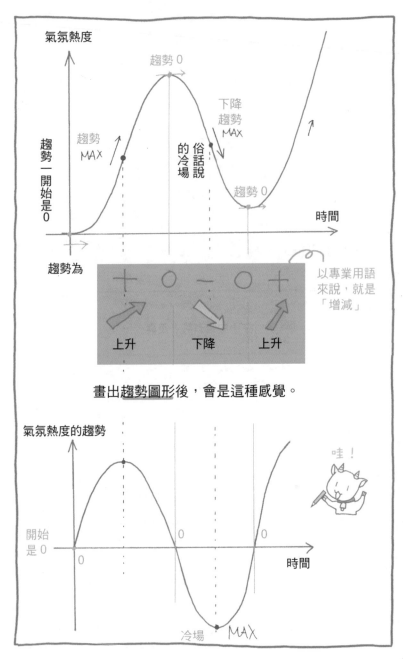

畫出趨勢圖形後，會是這種感覺。

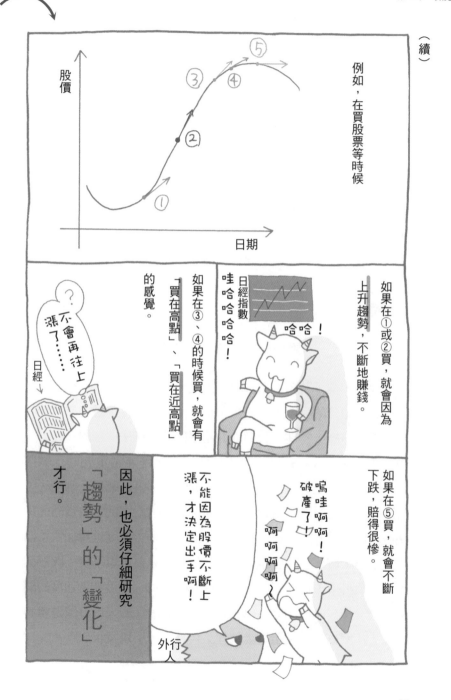

（續）

例如，在買股票等時候

股價

日期

① ② ③ ④ ⑤

如果在①或②買，就會因為上升趨勢，不斷地賺錢。

日經指數
哈哈！
哇哈哈哈哈！

如果在③、④的時候買，就會有「買在高點」、「買在近高點」的感覺。

不會再往上漲了……
日經

如果在⑤買，就會不斷下跌，賠得很慘。

嗚哇啊啊！破產了！
啊啊啊啊啊

不能因為股價不斷上漲，才決定出手啊！

外行人

因此，也必須仔細研究「趨勢」的「變化」才行。

07　微分會用在什麼地方？

　　微分是一種求斜率的方法，關於這一點大家應該都「差不多」瞭解了吧。但話說回來，

求斜率有什麼用處呢？

　　這類有關「微分目的」的問題，目前尚未解釋清楚。因此，接下來將為大家大致說明一下，在實際上微分是以何種型態為我們帶來便利的。事實上，微分對於物理界幫助最大，很奇妙的，討厭數學的人和討厭物理的人也差不多是同一群人，因此，或許你會直接說，

說什麼物理的，饒了我吧！

　　但是，還是請各位繼續看下去吧。

　　誠如微分的發明者之一牛頓是為了物理、特別是力學才開始研究微分一樣，物理學與微分的關係確實是無法切割的。在力學中，「位置」、「速度」與「加速度」等是非常重要的三個因素，但如果分別將這三項因素與時間的關係畫成圖形，那麼，位置圖的斜率就等於當時的速度，而速度圖的斜率就等於當時的加速度。由此可知，只要位置有大幅度的移動，速度也會加快；而當速度變大時，加速度也會很大。另外，只要位置不變，圖形就不會出現斜率（斜率為０），也就是速度為０。速度和加速度的關係也是一樣。話雖如此，已經患有微分過敏症的人或許還是會心想，「什麼嘛，最後還是講到理工科來了。」以及

微分這種東西，只有理工科的人用得上。

但是，會運用到微分的領域並不只有數學及物理而已。

只要使用微分，就可以求出「某一個點的斜率」，而利用微分求出的「斜率」就代表了該點的「趨勢（大小）」。如此一來，就可以知道在一連串的數據中，「哪個地方發生了很大的變化」。只要知道某一個點的斜率，也可以輕鬆預測接續的曲線的斜率；而只要善用預測的結果，就可以預測目前仍未知的未來發展。

微分對於分析經濟及金融的發展動向，是非常方便的工具。請試著想想看某支股票的股價變化圖形，會發現股價總是起起落落的。如果非常粗略地說，當在看各個點的斜率時，只要出現很大的正向斜率，就可以預測「股價可能還會繼續上揚」。再假設某個點呈現負向的斜率，但前方的斜率已小幅減緩的話，就可以預測「差不多要止跌回升了吧」。

實際上，股價變動的預測應該要考量的面向更廣了，但是，總而言之，微分對於現代的經濟與金融而言，已成為不可或缺的工具了。因此，微分不只是屬於理工科的領域而已。

最近不管是學生或家庭主婦，都很努力地研究

股票啦、匯率啦、外匯等等。

　　不久之前，照相機還是以單眼相機、立可拍為主流，但最近，數位相機已經登上冠軍寶座了。若使用舊式照相機，除了攝影技術外，照片的沖洗技術也非常重要，外行人很難沖洗出清晰的照片。但數位相機就不同了，根本就不需要沖洗，對門外漢來說，是非常簡單的機器。

　　隨著數位相機的普及，影像處理也可以利用電腦輕易完成了。不過，還是有些人希望照片中的影像可以比實際影像好看30％左右，這時候，就要使用微分來進行影像處理了。

　　例如，只要看照片中的臉部輪廓部分，就會發現臉和背景等的亮度會出現明顯變化。因此，只要有辦法利用計算找出這種明顯的變化，就可以知道臉部的輪廓在哪裡，這時候所利用的就是微分。由於求出某個點的斜率就是微分，因此，可以在電腦中對各個點的影像亮度進行微分，並判斷出變化明顯的部位，也就是輪廓。

　　如同上述狀況，微分的觀念還可以用來修相親照、處理沒拍好的相片等。但由於數位影像不是流暢的曲線，因此無法作精確的微分。雖然在實際上，只是利用相鄰點的差分（difference）來找出輪廓而已，但這種做法還是以微分的觀念為基礎。

照片的修片

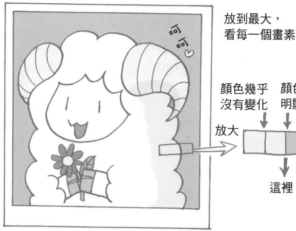

放到最大，
看每一個畫素

顏色幾乎　顏色出現
沒有變化　明顯變化

放大

這裡！

顏色出現明顯變化的地方就是「輪廓」

這時候就可以點一下滑鼠，選擇背景。

啪！

喀喳。

嘿！

順帶一提，修相親照時，主要是修皮膚的部分。

去掉皺紋
去掉黑眼圈
去黑斑

只修一點點就還好，如果修太多，皮膚的顏色就會太接近，而失去凹凸感，變得像能面一樣，所以不建議使用。

*能面：在日本傳統藝術「能劇」中，主角（仕手）在演出時所佩戴的面具，原則上為木製。

修片修太多，五官只剩眼睛和嘴巴而已。

偶像宣傳照常見的狀況

喂喂～

臉上的痣不見了。

那顆痣很有魅力的，真可惜！

29

09 基本的確認：斜率的求法

你還記得在學數學的過程中，第一次聽到「斜率」這個詞是在什麼時候嗎？

「斜率」這個詞，應該是大家在中學一年級學習「正比例函數」時首次碰到的。沒錯，我們和斜率已經是這麼久的老朋友了。

那麼，你是不是已經想起來，當時在學「正比例」時，是用什麼方法求出斜率的呢？要求出直線的斜率，必須先從直線上選兩個點，畫出一個三角形，接著取這兩點的縱差與橫差，然後，用縱差除以橫差，這樣就能得出結果了。在數學中，會以「垂直距離的差÷水平距離的差」來表示斜率（在日常生活中，多半會以角度來表示斜率，但由於角度很難計算、很難處理，所以不常使用）。

這就是求斜率的基本方法。由於這種方法是一個大原則，所以不論是要求什麼斜率，都不會有所改變。

不過，在曲線中，就無法直接使用這種方法。由於曲線蜿蜒曲折，即使是取任意兩點畫成的三角形，斜率（傾斜的程度）還是完全不同。因此，無法清楚瞭解哪一個是想求的點的正確斜率。如果是直線，不論取哪兩個點，斜率（傾斜的程度）永遠都會一樣。但是，曲線就不同了。那麼，究竟該取哪兩個點呢？要怎麼樣才能選到正確的點，以求得正確的斜率呢？這點在曲線的部分就是一大問題。

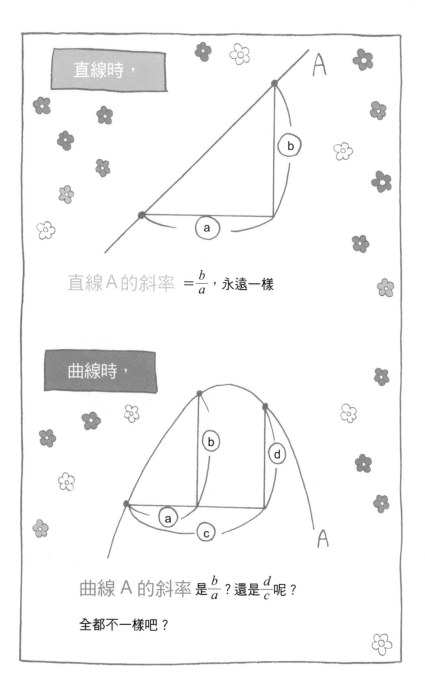

直線時，

直線 A 的斜率 $= \dfrac{b}{a}$，永遠一樣

曲線時，

曲線 A 的斜率 是 $\dfrac{b}{a}$ ？還是 $\dfrac{d}{c}$ 呢？

全都不一樣吧？

10　在曲線上取兩個點的方法

　　求斜率的一大原則就是要取兩點、連成一條線，並計算兩點之間的

「縱差」÷「橫差」

　　不論條件為直線或曲線，這項原則都適用。這是因為想求出曲線上某一個點的斜率時，還是必須找出兩個點才行。不過，如果從一般的角度思考，

根本就不可能找出這兩點。

　　但還是必須設法找出才行。這時候該怎麼辦呢？

　　舉例來說，假設現在我們想求出右圖的 A 點的斜率。想要求出斜率，就必須要有「兩點」。那麼，總之就

適當地

取兩個點吧！

　　於是，便往 A 點的兩側看，並取曲線上的 P 點和 Q 點。接著，將 P 點和 Q 點連起來，就是一條直線了。由於這是直線，所以可以很輕鬆地求出斜率。接下來，試著從 A 點兩側的 P 點和 Q 點盡量朝 A 點靠近；當越來越靠近時，是不是可以逐漸看出一條「只和 A 點連接的直線」了呢？從數學的角度來說，這就叫作

曲線上 A 點的切線

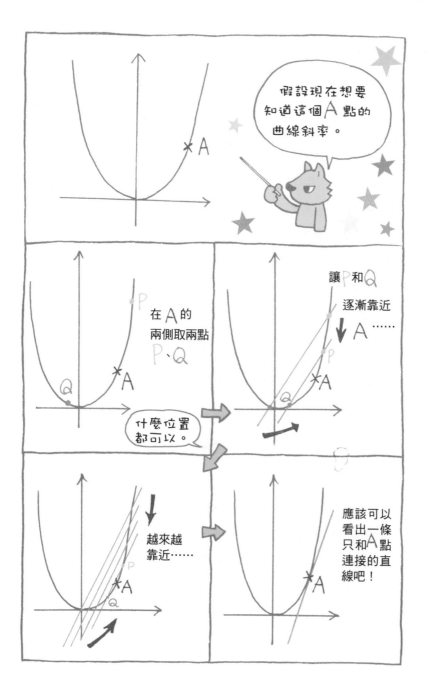

11　讓兩點逐漸靠近後

先從曲線上找出可以盡量往A點靠近的兩個點。「但是，到底要怎麼求出兩點無限靠近時的斜率呢？」「基本上，如果讓兩個點無限靠近的話，最後不是會變成一個點嗎？但是，這樣就又回復到不是兩個點的狀態了，結果還是白費力氣。」這時候可能會陸續浮現這樣的疑問。

這些疑問其實都沒錯。當兩點完全重疊的時候，就只是「一個點」而已。但是，如果真的是非常靠近、靠近到百分之一微米、十億分之一微米，甚至更近的距離時，就算實際上有兩個點，看起來就會

好像只有一個點一樣

像這樣，「讓不同的兩點無限靠近」、「不重疊，但無限靠近」的數學技巧就是

極限

的概念。

在求某一個點的斜率，也就是進行微分時，就需要「極限」（limit）這項技巧。

因此，接下來我將稍微偏離微分的主題，先跟大家說明一些有關「極限」的概念。

將2枚硬幣疊在一起拿著，然後貼著移動時……

變多了！

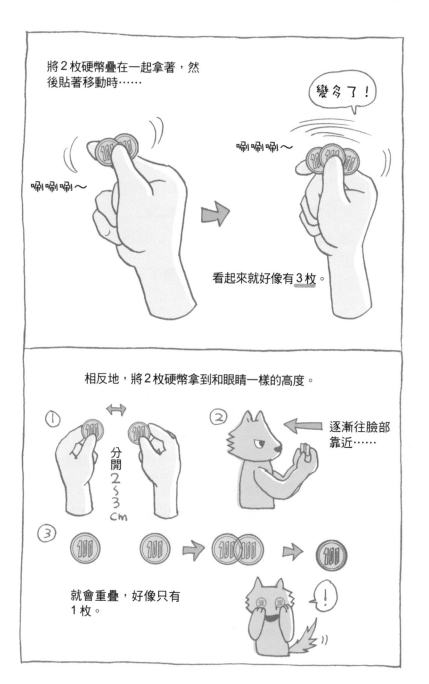

咻咻咻～

咻咻咻～

看起來就好像有 3 枚。

相反地，將2枚硬幣拿到和眼睛一樣的高度。

① 分開 2～3 cm

② 逐漸往臉部靠近……

③

就會重疊，好像只有 1 枚。

12　極限狀態＝沒有可能性了

首先，要確認數學上有關「極限」這個用語的意義。

在我們的日常生活中，極限這個詞彙經常被用來表示「極限狀態」。而極限狀態這個詞彙，會給人一種「已經無路可走」或「不可能了」這種接近「界限」的印象。舉例來說，就像已到暑假最後一天作業卻全部沒做，或者快尿出來了，附近卻沒有廁所的情況一樣。當遇到這種狀況時，一般人都會有

「不可能了！這是極限了！」

的想法。我想，每個人至少都有過一次這樣的經驗吧。想要盡量避免遇到的狀況，不就是「極限」狀態的感覺嗎？

那麼，接下來我要跟大家說明的數學上的「極限」，和這也具有相同的意義嗎？如果極限代表「不可能了」或「這是極限了」，要在這樣的定義上解釋數學，似乎也會出現「不可能了」的狀況。

讓我以高爾夫球為例，來說明數學上「極限」的概念。請試著想一下在高爾夫球的近洞賽（near pin）中，可以將球推得多麼靠近球洞，或者是比賽按碼錶，看誰能讓碼錶剛好停在 10 秒的地方。這兩種競賽都是要比賽「看誰能夠最靠近標的」。因此，數學上的極限就是具有這種

盡可能接近

的積極意義。

13　何謂無限接近？

　　讓某個東西（數值）無限接近另一個東西（數值），就是：

$$\lim_{x \to a} f(x) = b$$

　　突然跑出一個公式，有沒有嚇一跳呢？這個公式的意思就是「如果讓 x 的值無限趨近 a，$f(x)$ 就會趨近 b」。數學不好的人或許會心想：「突然出現這種抽象的說明，根本聽不懂。」所以，接下來我將為各位作進一步的說明。首先來看「lim」，這是「limit」的縮寫，「limit」本身也有極限的意思。而「lim」下方的小字就表示「要讓什麼趨近於什麼」。至於上方的公式就代表「要讓 x 趨近於 a」。在我介紹計算方法之前，先舉個例子讓大家來想像一下。

$$\lim_{\text{飲酒量} \to 10} f(\text{飲酒量}) = 爛醉$$

　　是否可以想像這個感覺了？當以飲酒量的函數 f 來表現喝醉的程度時，該公式就表示「只要飲酒量越趨近 10 杯啤酒，就會越醉」。接下來的例子稍微嚴肅一點，但應該還是能想像得到。

$$\lim_{\text{工作} \to 每日加班} f(\text{工作}) = 過勞$$

　　這次的公式變成表示疲勞程度的函數。意思是「只要越趨近於每日加班，就會越快因過勞而病倒」。像這樣讓某一個值無限趨近另一個值的概念就是極限。就算無法實際計算也無所謂，只要各位能領會公式的意思就可以了。

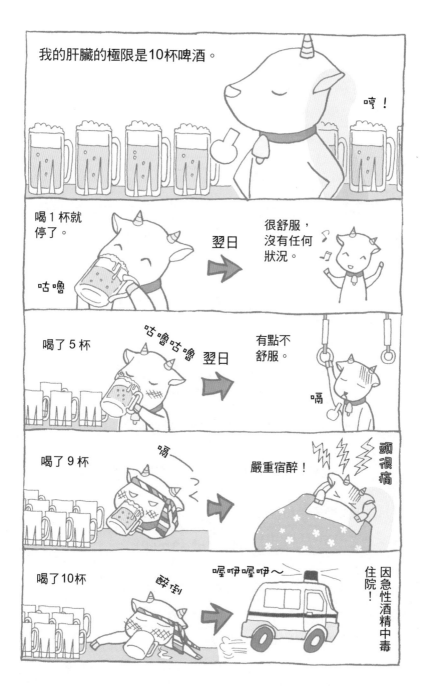

14　嘗試具體接近

在掌握極限的概念後，接著就用公式來思考極限。請計算下列的式子。

例題 1：$\displaystyle\lim_{n\to 1}(1-n)$

想一想，這是「要針對$(1-n)$的式子，讓 n 無限趨近於 1」的意思吧。只要n無限趨近於 1，$(1-n)$就會無限趨近於$(1-1)$。因此，就會變成：

無限趨近於 0

接下來是，

例題 2：$\displaystyle\lim_{n\to 1}\dfrac{1}{n}$

只要 n 無限趨近於 1，$\dfrac{1}{n}$就會無限趨近於$\dfrac{1}{1}$，因此，

就會無限趨近於$\dfrac{1}{1}$，也就是趨近於 1

接下來難度稍微提高一些。

例題 3：$\displaystyle\lim_{n\to 1}(n^2-3n+2)$

雖然式子更複雜了，但只要用同樣的想法就沒問題了。當 n 無限趨近於 1 時，(n^2-3n+2)會無限趨近於$(1^2-3\times1+2)$，也就是趨近於 0。因此，就會變成

無限趨近於 0

最後再來一題。

$$例題\ 4：\lim_{n\to 1}\frac{n^2-3n+2}{n-1}$$

這題和前面三題都不同，沒有那麼簡單。由於分子和前一個式子相同，所以會趨近於 0，但是，分母也一樣會趨近於 0。

哎呀，難道答案是 $\frac{0}{0}$ 嗎？有這種分母為 0 的分數嗎？實際上是沒有的，因為用 0 當分母的除法是不合規定、不被允許的。

那麼，應該怎麼辦呢？事實上，這個分數的分子是可以做因數分解的。

$$\lim_{n\to 1}\frac{n^2-3n+2}{n-1}=\lim_{n\to 1}\frac{(n-1)(n-2)}{n-1}$$

由於分子與分母都有 $(n-1)$，可以進行約分。正確來說，在 $\lim_{n\to 1}$ 這個狀況下，由於

$(n-1)$ 雖然無限趨近於 0，但並不是 0

所以可以進行約分。

由於最後只剩下 $(n-2)$，所以答案就是：

無限趨近於 -1

最後這個題目雖然屬於技巧性問題，但其實是很深奧的。這裡只因為話題提及，簡單介紹一下。關於極限的介紹，後面還會有進一步的說明。

15　極限值的求法與表現方式

$\lim\limits_{x \to a} f(x)$ 裡的「$x \to a$」代表「x 無限趨近於 a」的意思，但 x 並不會變成 a。

這裡的重點在於

不論多麼趨近，還是無法畫上等號

這一點非常重要。

因此，以前面的例題 1 來說，就算 n 無限趨近於 1，還是不會等於 1，所以，雖然 $1 - n$ 的計算結果也會趨近於 0，但還是不會等於 0。另外，由於不會等於 0，所以在例題 4 中，就可以做除法的運算（約分）。

但是，雖說無法畫上等號，但在面對「會趨近於哪一個數字」的問題時，還是會將趨近的值帶入計算，以求出答案。

是不是覺得很狡猾呢？

這個部分似乎就是一般人覺得「極限真叫人搞不懂」的主要原因。但是，本書並不打算深入消除這種狡猾感（？）。我們目前只想讓大家知道，當要求出一點的斜率時，必須要使用極限這種概念（咒語）才行。

話說回來，在上一頁中，我們混水摸魚地只寫出答案而已，那麼要怎麼用式子表現出極限值呢？換句話說，「$\lim\limits_{n \to 1}(1 - n) = $」這個式子的右邊要怎麼寫呢？

其實，只要寫

$$\lim_{n \to 1} (1 - n) = 0$$

就可以了。

因為這個式子的意思並不是「（當 n 無限趨近於 1 時）答案是多少？」而是「會趨近於哪一個數字？」的意思。

而這裡的答案、趨近值就稱為

極限值

16　如何接近？

前面一直在做「趨近於○○」，但是，究竟是怎麼接近的呢？

舉例來說，如果是

$$\lim_{\text{飲酒量}\to 10\text{ 杯啤酒}} f(\text{飲酒量})$$

飲酒量越來越多，感覺就快要接近10杯了吧。

相反地，如果是

$$\lim_{x\to 0}\frac{1}{x}$$

x 就會越來越小，越來越趨近於 0。關於這一點，應該很容易想像吧。

發現了嗎？沒錯！因為接近的方式有兩個方向。

以上面第二個式子來說，就有兩種可能。一種是：x 一開始是正值，並趨近於 0；另一種則是：x 一開始是負值，並趨近於 0。在這個式子中，從哪一邊接近將會使結果產生變化（請看右頁的圖）。

實際上，接近的方式為何是相當重要的。

順帶一提，上面第二個式子的答案是什麼呢？答案就是

極限值不存在

沒錯！有時候是沒有答案的。

那麼，第一個算式有答案嗎？這我就不知道了……

假設 x 趨近於 0……

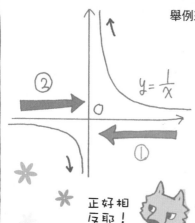

舉例來說，如果是這種圖形，是要像

① 這樣接近，還是像

② 這樣接近，就是個大問題。

$y = \dfrac{1}{x}$

正好相反耶！

如果是①，y 就會變成 $+\infty$（正無限大）；如果是②，就會變成 $-\infty$（負無限大）。

然而，如果是一般常見的圖形……

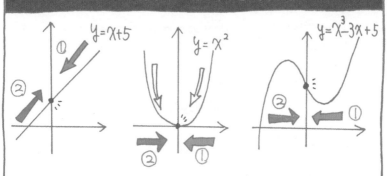

$y = x+5$

$y = x^2$

$y = x^3 - 3x + 5$

不論從 ① 和 ② 的哪一邊接近，終點都是一樣的，結果就是 x = 0 時的點。

因此，只要在 x 帶入 0，基本上都沒有問題。

從圖形可以知道，當 $f(x) = \dfrac{1}{x}$，且往 $x = 0$ 趨近時，從右邊趨近（從正值趨近）和從左邊趨近（從負值趨近）的答案是不一樣的。但是，如果只是寫 $\lim\limits_{x \to 1} \dfrac{1}{x}$，就永遠不會知道要如何趨近。

因此，便導入一種新的表記法。當從右邊趨近時，就在→後面加上加號（＋）；相反地，如果是從左邊趨近，就加上減號（－）。

$$\lim_{x \to +0} \frac{1}{x} \text{、} \lim_{x \to -0} \frac{1}{x}$$

前者的結果就是正的無限大（＋∞），後者則是負的無限大（－∞）。像這樣，當從兩側趨近的結果不同時，就叫做：

極限不存在

相反地，當從兩側趨近的結果相等時，就說：

極限存在

前面一直在談 $f(x) = \dfrac{1}{x}$，那麼，在 $f(x) = \dfrac{1}{x^2}$，$x = 0$ 時極限是否存在呢？其實，這裡的極限是存在的。因為，不論是從右邊或左邊趨近，都會得到正的無限大。

$$\lim_{x \to +0} \frac{1}{x^2} = \lim_{x \to -0} \frac{1}{x^2} = +\infty$$

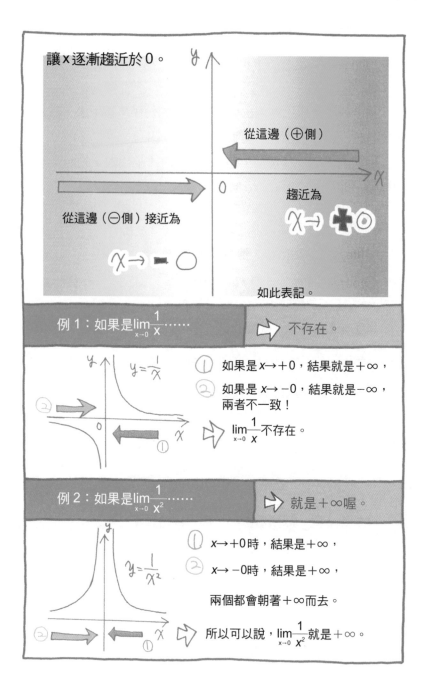

讓 x 逐漸趨近於 0。

從這邊（⊕側）

從這邊（⊖側）接近為

$x \to$ ■ ○

趨近為

$x \to$ ✚ ○

如此表記。

例 1：如果是 $\lim\limits_{x \to 0} \dfrac{1}{x}$……　　　▷ 不存在。

$y = \dfrac{1}{x}$

① 如果是 $x \to +0$，結果就是 $+\infty$，

② 如果是 $x \to -0$，結果就是 $-\infty$，
兩者不一致！

▷ $\lim\limits_{x \to 0} \dfrac{1}{x}$ 不存在。

例 2：如果是 $\lim\limits_{x \to 0} \dfrac{1}{x^2}$……　　　▷ 就是 $+\infty$ 喔。

$y = \dfrac{1}{x^2}$

① $x \to +0$ 時，結果是 $+\infty$，

② $x \to -0$ 時，結果是 $+\infty$，

兩個都會朝著 $+\infty$ 而去。

▷ 所以可以說，$\lim\limits_{x \to 0} \dfrac{1}{x^2}$ 就是 $+\infty$。

18　何謂「連續的」？

在上一頁中，已經舉出極限不存在的例子。接下來，我想繼續為各位介紹其他類型的極限。

極限有下列 3 種類型。假設以 lim 的式子代表 x 的函數 $f(x)$ 的極限，並且讓 x 趨近於 a 時，

①$\lim\limits_{x \to a} f(x)$ 不存在

②$\lim\limits_{x \to a} f(x)$ 雖然存在，但並不是 $f(a)$

③$\lim\limits_{x \to a} f(x)$ 存在，且與 $f(a)$ 相同

以①來說，$\lim\limits_{x \to 0} \dfrac{1}{x}$ 就屬於這一類。以②來說，第 41 頁的例題 4：$\lim\limits_{x \to 1} \dfrac{x^2 - 3x + 2}{x - 1}$ 就是。在這個式子中，當 $x = 1$ 時，分母會變成 0，因此，這個函數值並不存在（未定義）。

③則很常見。而且，當符合這種類型時，會使用特別的用語。當 $\lim\limits_{x \to 0} f(x)$ 存在，且與 $f(a)$ 相同時，$f(x)$ 在 $x = a$ 中，就稱為

連續的（continuous）

關於這一點，只要看圖形，馬上就會懂了。

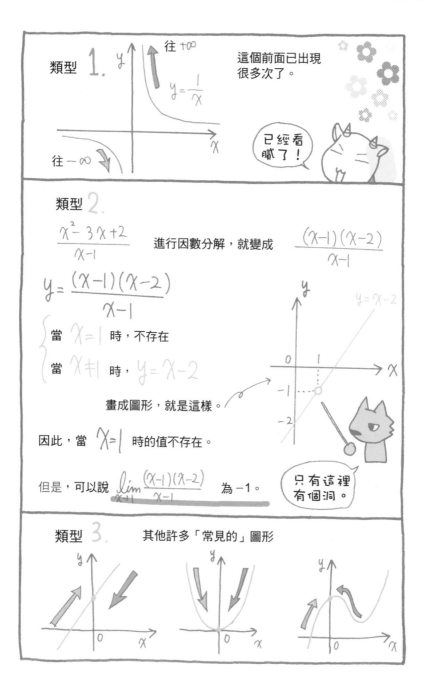

類型 1.

往 +∞

$y = \dfrac{1}{x}$

這個前面已出現很多次了。

往 −∞

已經看膩了！

類型 2.

$\dfrac{x^2 - 3x + 2}{x - 1}$

進行因數分解，就變成 $\dfrac{(x-1)(x-2)}{x-1}$

$$y = \dfrac{(x-1)(x-2)}{x-1}$$

當 $x = 1$ 時，不存在

當 $x \neq 1$ 時，$y = x - 2$

$y = x - 2$

畫成圖形，就是這樣。

因此，當 $x = 1$ 時的值不存在。

但是，可以說 $\displaystyle\lim_{x \to 1} \dfrac{(x-1)(x-2)}{x-1}$ 為 −1。

只有這裡有個洞。

類型 3.   其他許多「常見的」圖形

19　差不多該回到微分了

談了一些關於極限的問題，不過，

為什麼要談極限呢？

關於這點，你還記得嗎？（笑）

所謂微分，就是「一種求圖形的斜率的工具」。

那麼，斜率又是什麼呢？如果是一次函數，斜率就很清楚；但如果是二次以上的函數，圖形就會是曲線。

那麼，曲線圖的斜率呢？可以將它想成是切線的斜率。那麼，「切線的斜率」又該如何計算呢？

基本上，所謂斜率就是「縱差（rise）÷橫差（run）」。但是，就像名稱一樣，曲線圖的切線只靠一個點「連接」，因此，就會出現「何謂縱差？何謂橫差？」的問題。

因此，必須先取適當的兩點，讓這兩點逐漸靠近，最後將其視為一點；以前就是為了實現這個想法，才發明「極限」的概念。

想起來了嗎？

那麼，從下一頁開始，我們就該來具體地計算斜率了。開始要進入正題了！

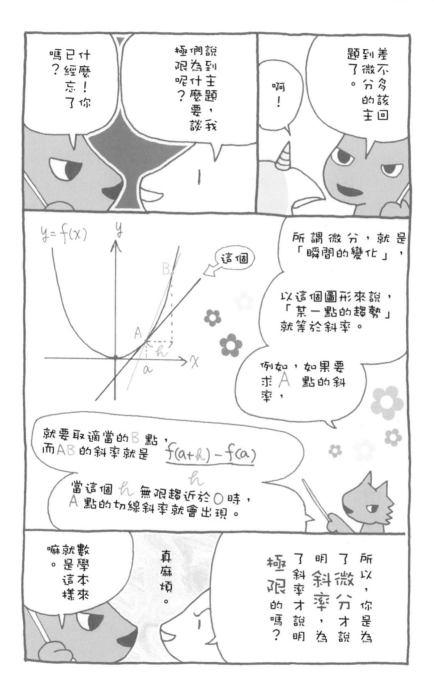

20　滑過去微分

　　那麼，要開始了喔。

　　假設要求圖形 $f(x)$ 上A點的斜率。將A點的座標設為 $(a, f(a))$。不過，如前所述，光用一點是無法計算斜率的（無法取得縱差、橫差）。因此，就在附近取一個B點。假設B點的 x 座標位於比A點稍微大一點點的位置，並將 x 座標的差設為 h，那麼，B點的座標就是 $(a+h, f(a+h))$。

　　接著就來求AB的斜率吧。斜率是縱差÷橫差。縱差是 $f(a+h) - f(a)$，橫差已經設為 h 了。

　　因此，

$$\text{AB的斜率} = \frac{f(a+h) - f(a)}{h}$$

　　那麼，現在想求的是A點的斜率。要怎麼做，才能將AB的斜率變成A點的斜率呢？就是要讓B點在圖形上往A點的方向滑過去。換句話說，就是要讓B點接近A點。而且，只要最後讓B點與A點重疊，這時候AB的斜率就會等於A點的斜率。

　　奇怪！當A點與B點重疊時，h 就會變成 0。但是在斜率的式子中，如果分母變成 0，豈不是糟糕了嗎？

　　這位太太，我們不是因此才先說明了極限，不是嗎？

　　因此，只要讓 h 逐漸趨近於 0……

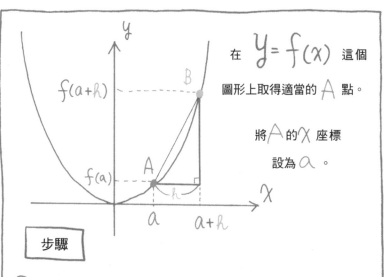

在 $y = f(x)$ 這個

圖形上取得適當的 A 點。

將 A 的 x 座標

設為 a 。

步驟

① 從 A 點往橫向走到 +h，然後垂直往上走，

將撞到曲線的點設為 B 點。

② 如此一來，A 點就是 $(x, y) = (a, f(a))$

B 點就是 $(x, y) = (a+h, f(a+h))$

③ 於是，直線 AB 的斜率為 $\dfrac{縱差}{橫差}$

就是 $\dfrac{(B 的高度) - (A 的高度)}{h}$

就變成 $\dfrac{f(a+h) - f(a)}{h}$ 了。

④ 那麼，如果讓 h <u>越來越小</u>，

<u>趨近於</u> 0 時，會怎麼樣呢？

就會變成這樣。

$$\text{A 點的斜率} = \lim_{h \to 0} \frac{f(a+h)-f(a)}{h}$$

沒錯。這樣就求出 A 點的斜率了。掌聲鼓勵鼓勵～

這個就是微分

正確來說，上面的式子叫作

$f(x)$ 在 $x = a$ 的微分係數

到目前為止，所提到的 A 點都不是 $f(x)$ 上某個特別的點，而只是一個適當取得的點。換句話說，只要是 $f(x)$ 上的點，任何一個都可以用。既然這樣，我們就用 x 來取代 a 吧。

$$\lim_{h \to 0} \frac{f(x+h)-f(x)}{h}$$

這樣就變成微分 $f(x)$ 的式子了。

馬上就來使用這個式子吧。先求 $f(x) = x^2$ 的 A 點（2, 4）的斜率吧。帶入上面的微分式子後，就變成：

$$\text{斜率} = \lim_{h \to 0} \frac{f(2+h)-f(2)}{h} = \lim_{h \to 0} \frac{(2+h)^2-2^2}{h}$$
$$= \lim_{h \to 0} \frac{4h+h^2}{h} = \lim_{h \to 0} (4+h) = 4$$

這裡的重點在於能順利將 h 約分（請回想一下，h 並不會變成 0）。答案是 4，換句話說，A 點（2, 4）的斜率就是 4。

（接續前頁）

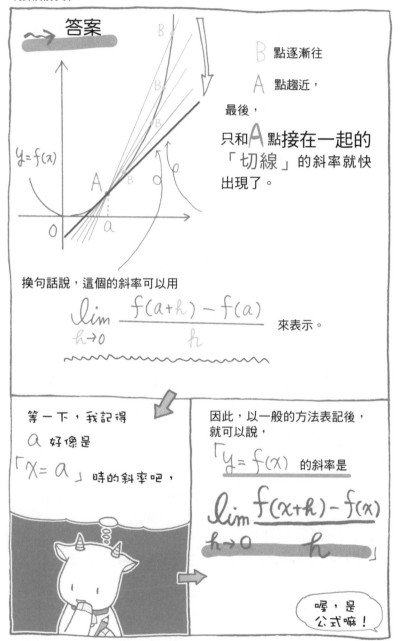

答案

B 點逐漸往

A 點趨近，

最後，

只和 A 點接在一起的
「切線」的斜率就快
出現了。

$y = f(x)$

換句話說，這個的斜率可以用

$$\lim_{h \to 0} \frac{f(a+h) - f(a)}{h}$$ 來表示。

等一下，我記得

a 好像是

「$x = a$」時的斜率吧，

因此，以一般的方法表記後，
就可以說，

「$y = f(x)$ 的斜率是

$$\lim_{h \to 0} \frac{f(x+h) - f(x)}{h}$$」

喔，是
公式嘛！

21 一點的斜率所代表的意義

現在已經知道如何利用微分求出一點的斜率了。話說回來，求出一點的斜率後，有什麼用途呢？既然難得可以得到這麼方便的工具，那也應該先瞭解要如何使用。在微分的各種用途之中，使用頻率最高的有兩個，分別是

畫切線

畫圖形

畫切線時使用微分當然很方便。因為求切線斜率的方法就是微分。只要知道斜率，也知道那個點的座標，就可以立刻寫出切線的式子。

接著，只要利用微分，就可以用「手」畫出曲線的大致形狀。一般來說，除非是電腦或專家，否則很難畫出精準的曲線。但是，只要利用微分，就可以求出曲線將要轉彎的點及轉彎方式產生變化的點；例如，在圖形上取適當的兩點，並假設一點的斜率為正值，另一點為負值。如此一來，只要是緩和的曲線圖，中途就應該會出現一個

斜率為 0

的點。換句話說，只要找出微分後為 0 的點，就能得到一個畫出圖形大致形狀的線索，而這也是微分很重要的一項優點。

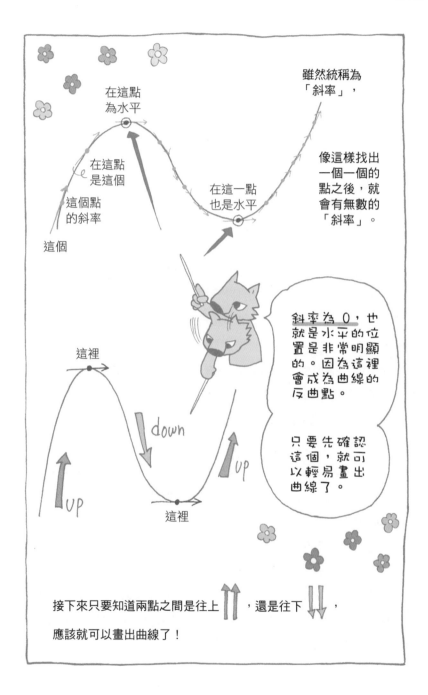

雖然統稱為「斜率」，

在這點為水平

在這點是這個

這個點的斜率

這個

在這一點也是水平

像這樣找出一個一個的點之後，就會有無數的「斜率」。

斜率為 0，也就是水平的位置是非常明顯的。因為這裡會成為曲線的反曲點。

只要先確認這個，就可以輕易畫出曲線了。

這裡

down

UP

UP

這裡

接下來只要知道兩點之間是往上 ⇈ ，還是往下 ⇊ ，

應該就可以畫出曲線了！

上一頁提到了微分 $f(x)$ 的公式。

$$\lim_{h \to 0} \frac{f(x+h) - f(x)}{h}$$

其實，這個公式有個名稱，叫作

函數 $f(x)$ 的導函數

換句話說，「微分」就表示「求出導函數」的意思。

話說回來，函數原本是什麼意思呢？

所謂函數，就是指一個固定的值會隨著變數（variable）出現。當寫成 $f(x)$ 時，x 就是變數。f 經常被使用，其實這就是「function（函數的英文名稱）」的首字母。接下來是題外話，其實「函」這個字是箱子的意思，所以我們可以想像成，只要將 x 放進 $f(x)$ 這個箱子裡面，箱內就會開始進行某些計算，並跑出答案來。

就像 $f(x)$ 是函數一樣，將 $f(x)$ 微分後所得到的導函數也是函數。換句話說，只要放入變數 x，和該值相應的斜率就會出現。很方便吧！

這個導函數經常表記為 $f'(x)$。在 f 的後面加上「'」，讀作「f dash x」。

導函數還可以再微分，就是導函數的導函數。這時候，因為要進行兩次微分，所以就寫成 $f''(x)$。總之，就是依照微分的次數標出相同個數的「'」。

因此，

$y=f(x)$ 的斜率就是 $\displaystyle\lim_{h\to 0}\frac{f(x+h)-f(x)}{h}$

寫成 $f'(x)$

f dash x

中文就叫作「導函數」。

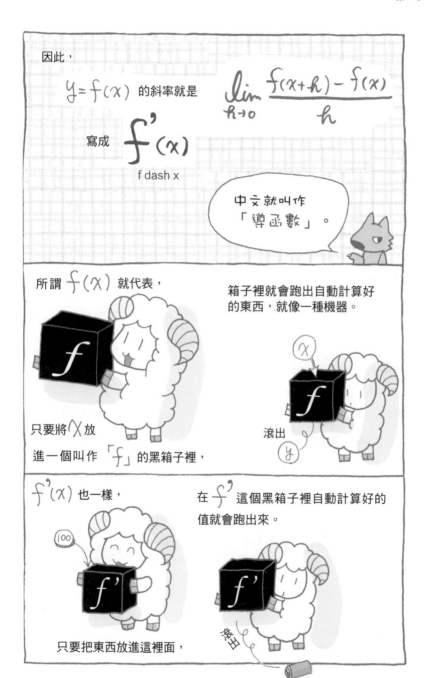

所謂 $f(x)$ 就代表，

只要將 x 放進一個叫作「f」的黑箱子裡，

箱子裡就會跑出自動計算好的東西，就像一種機器。

x

滾出

y

$f'(x)$ 也一樣，

100

只要把東西放進這裡面，

在 f' 這個黑箱子裡自動計算好的值就會跑出來。

滾出

23　導函數的表記法（一）

看到這裡，就可以先宣布

自己已經會微分了喔！

反正在這個世界上，也有很多人只會說「KONNITIWA（你好）」、「SAYONARA（再見）」、「SUSI（壽司）」、「TO-TORO（龍貓）」等單字，就說「我會一些日文」了。雖然日本人本來就很少說「我會～」。

離題了。

既然已經（暫且）會微分了，那就帥氣一點地將微分表記出來吧。由於有幾種表記法，這裡將先說明其中最有名（因為是高中數學所使用的）的兩種表記法。

第一種是拉格朗日（Joseph Louis Lagrange）這位學者想出來的表記法，也就是前面已經介紹過的加上「'」的表記法。將函數 $y = f(x)$ 的微分表記為

y' 或 $f'(x)$

這種表記法很受高中生歡迎，是主流的表記法。「'」也讀作「prime」，但在高中數學中，都讀作「dash」。這種表記法最大的優點就是

簡單

一看就知道是微分，不用半秒就可以寫出來。因此，這已經成為目前的主流，但事實上，這種表記法有一個很大的問題。

那就是用「dash」並不好，因為，雖然一看到式子就知道要微分，但是，卻不知道

要用什麼微分？

前面曾舉過一種例子，那種函數並不是以 x 為變數，但事實上，在這個世界上，還有許多函數同時包含兩個以上的變數。

因此，就會用到第二種表記法了。這是萊布尼茲（Gottfried Wilhelm Leibniz）這位學者想出來的表記法，他將以 x 微分函數 $y = f(x)$ 的結果表記為：

$$\frac{dy}{dx}、\frac{df(x)}{dx}、\frac{d}{dx}f(x)$$

舉例來說，這個的讀法是「dy、dx」，像這樣照順序，由分數的上半部開始讀，代表「用 x 微分 y」的意思。

順帶一提，d 就是微分的英文「differential」的首字母。這種表記法的規則就是以分母中的變數來微分分子中的函數。這和加上「'」的方式不同，可以非常清楚地瞭解是用什麼來微分，但是，還是有個缺點：

寫起來很麻煩

但這一點可是相當重要的喔。

不過，不管使用哪一種表記法都沒關係，而且，也不必單戀特定一種表記法。當要讀時，兩種都可以讀作「微分」，至於自己要寫時，則請「適當」地分開使用，一切以好用為原則。

繼續來談上一頁的萊布尼茲表記法。

拉格朗日的方法明明只有加上「'」，但萊布尼茲卻使用分數來表記。要對什麼進行微分，這確實是一件很重要的事，但是，為什麼要特地用分數來表示呢？

這當然是有原因的

還記得微分是什麼嗎？

就是要求斜率。

看到這裡已經明白了吧，所謂的 $\dfrac{dy}{dx}$ 就是斜率，也就是用橫差除以縱差。

雖然這不只代表微分而已，在數學中，會用「$\varDelta$」這個符號來表示很小的數，在希臘字母中，就是 d。舉例來說，會將 x 軸方向的微小變化量寫成 $\varDelta x$，並將 y 軸方向的微小變化量寫成 $\varDelta y$。如此一來，如果有 $y = f(x)$ 的圖形，在那個函數上取一個適當的 A 點，從 A 點稍微前進，然後取圖形上另外一個 B 點，再計算 AB 的斜率，就可以表記為

$$\frac{\varDelta y}{\varDelta x}$$

在微分中，因為會讓 B 無限趨近於 A，所以會變成：

$$\lim_{\varDelta x \to 0} \frac{\varDelta y}{\varDelta x}$$

而當接近到極限時，就將 $\varDelta$ 寫成 d。

$\frac{d}{dx}$ 是什麼呢？ 之一

想要瞭解微分，就要再想一下**斜率**，

微分

以前的偉人將這翻譯成

首先，

d 是指 differential
=
「差」
「差異」
「差分」

嗯嗯。

differential：
【名】差、差異、差距、異同、微分
【形】有差別的、微分的〔節錄自英辭郎〕

將一個非～常小的範圍，用

$\triangle$ delta 希臘符號 來表示。

在 $y = f(x)$ 上取 A 點、B 點，

將兩點的差設為 $\triangle x$, $\triangle y$ 之後，

$\underline{AB}$ 的**斜率**就是 $\dfrac{\triangle y}{\triangle x}$ 。

$\dfrac{\triangle y}{\triangle x}$ 的

「$\triangle x$ 會越來越小，

$\triangle y$ 會越來越小」。

一直往 A 點的斜率接近。

如果硬要將這寫成式子，

「$y = f(x)$ 的斜率就會是

$$\lim_{\substack{\triangle x \to 0 \\ \triangle y \to 0}} \frac{\triangle y}{\triangle x} 。 」$$

將這個表記為 $\displaystyle \lim_{\substack{\triangle x \to 0 \\ \triangle y \to 0}} \frac{\triangle y}{\triangle x} = \frac{dy}{dx}$

如果 $\triangle \to 0$ 就會變成 d 。

待續

不過，萊布尼茲表記法還有後續的發展。因為，只要將分子的 dy 分開，就會變成 $\frac{d}{dx}$ 與 y。這樣看起來是不是如同 $\frac{d}{dx}$ 乘以 y 了？然後，可以把用 $\frac{d}{dx}$ 去乘看成是具有

用 x 微分的功能

而以數學用語來說，這就叫作

微分算子（differential operator）

在拉格朗日表記法中，如果進行兩次微分，就會有兩個「'」。而在萊布尼茲表記法中，如果將 y 微分兩次，就會變成：

$$\left(\frac{d}{dx}\right) \times \left(\frac{d}{dx}\right) \times y = \frac{d^2y}{dx^2}$$

重點在於分子二次方的位置。看到這個，可能會感到，

「很麻煩耶！」

但是，其實這種寫法也相當方便。在後面的「合成函數的微分」（見第 88 頁）的主題中，萊布尼茲表記法將會再度登場，敬請期待。

（接續第63頁）

請等一下。

怎麼了？

$$\lim_{h \to 0} \frac{f(x+h)-f(x)}{h}$$

那上面這個和前面的一不一樣呢？

你注意到重點了喔！

雖然同樣是「微分」、「微分的斜率」，卻有好幾種表記方式。

$y=f(x)$

函數 ➡ 導函數

進行微分

都是一樣的。

$y=f(x)$

$f'(x)$
y'
$\dfrac{dy}{dx}$
$\dfrac{d}{dx}f(x)$
$\lim_{h \to 0} \dfrac{f(x+h)-f(x)}{h}$

哇～

好難懂喔！

也就是說，雖然有各種寫法，但全部都是微分。

另外，也可以這樣寫。

$$\frac{dy}{dx}$$

$$\frac{dy}{dx} = \left(\frac{d}{dx}\right)y$$

這樣就可以把 $\left(\dfrac{d}{dx}\right)y$ 當成一個集合體，意為「用 x 進行微分的命令」。（專業的說法不是「命令」，而是「演算子」），並稱 $\left(\dfrac{d}{dx}\right)$ 為微分算子。

現在，來稍微做一下練習吧。

例題 1：求出 $f(x) = x^2 - 2$ 的 A 點 $(2, 2)$ 的斜率。

先想一下微分的公式，$\lim\limits_{h \to 0} \dfrac{f(x+h)-f(x)}{h}$

然後，帶入公式。

$$\lim_{h \to 0} \frac{f(2+h)-f(2)}{h} = \lim_{h \to 0} \frac{\left\{(2+h)^2-2\right\}-\left\{2^2-2\right\}}{h}$$

$$= \lim_{h \to 0} \frac{2+4h+h^2-2}{h} = 4$$

因此，答案是 4。

例題 2：求出 $f(x) = x^3 - x^2 - 2$ 的 $A(1, -2)$ 的斜率。

要做的事情是一樣的。

$$\lim_{h \to 0} \frac{f(1+h)-f(1)}{h}$$

$$= \lim_{h \to 0} \frac{\left\{(1+h)^3-(1+h)^2-2\right\}-\left\{1^3-1^2-2\right\}}{h}$$

$$= \lim_{h \to 0} \frac{\left\{(1+3h+3h^2+h^3)-(1+2h+h^2)-2\right\}+2}{h}$$

$$= \lim_{h \to 0} \frac{h^3+2h^2+h}{h} = \lim_{h \to 0} (h^2+2h+1) = 1$$

因此，答案是 1。

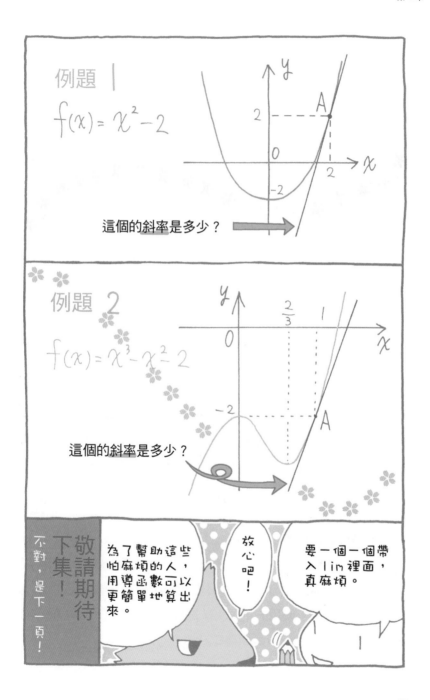

例題 1

$f(x) = x^2 - 2$

這個的斜率是多少？

例題 2

$f(x) = x^3 - x^2 - 2$

這個的斜率是多少？

敬請期待下集！
不對，是下一頁！

為了幫助這些怕麻煩的人，用導函數可以更簡單地算出來。

放心吧！

要一個一個帶入 lim 裡面，真麻煩。

26　導函數的簡單求法

在上一頁中做了兩題例題。現在大家已經學會在函數上取適當的點，並求出斜率了。但是，如果只有這樣，就必須照每一個點，一一計算微分係數的式子，是不是很麻煩？那麼，如果要「簡單地」微分整體曲線的話，應該怎麼做呢？

說到這個，數學裡面有一種很方便的、叫作「公式」的工具，只要把數字套進去，答案就會跑出來。

不論是哪一種作業，為了事半功倍，最好能事先準備好工具。就像要修理汽車時，必須先準備螺絲起子或扳手等工具組一樣，想要有效率地計算微分，先準備好工具組就會很方便。因此，接下來將針對微分的公式為各位作說明。

不過，在正式介紹之前，有一件事要先聲明。所謂公式，簡直就是文明的利器，但有些人卻會有「公式中毒」的情況，「不管是否理解，總之就是把公式背起來套用」，像這樣一頭就墜入背誦公式的深淵裡。在這個世界上，有些人大概在中學時代，就已經完全公式中毒了，結果，學習數學的方式就和猴子一樣

有樣學樣

下場真的是很悲慘。

我們是人類，應該要徹底思考才行。先大致瞭解自己所要使用的工具，這或許會讓人覺得很費功夫。但是，在緊急時刻，「完全瞭解自己所使用的工具」，這種益處是遠遠超過所費的功夫的。

27 微分的基本公式組

這個部分將繼續談論有關技巧的問題，請耐心看下去。

前面談到可以做為工具的公式，而微分所需要的基本工具有下列三種。前面曾經提到，就算沒有下面這些公式，當然也可以單靠

$$\lim_{h \to 0} \frac{f(x+h)-f(x)}{h}$$

這個定義來處理所有的微分。不過，想更得心應手地運用微分的人，就要盡可能將這些工具準備齊全。

這些公式全都是對 x 進行微分。至於 $f(x)$ 和 $g(x)$，則分別表示 x 的函數。

> **微分的基本公式**
>
> 1. $p' = 0$（p 為常數）
> 2. $(px)' = p$（p 為常數）
> 3. $\{f(x) + g(x)\}' = f'(x) + g'(x)$

只用一種工具或武器來作戰，這是種太過理想化的做法。

惡靈古堡電玩，我最精通只用刀子的關卡。

我只用這支 1 號木桿。

以數學來說，這裡所說的工具、武器就是「公式」或「定理」。

不過，只要是用得到的工具或武器，開始行動前最好還是先準備齊全，這是基本原則。

這個公式不必現在就記。

一旦能夠理解可以很快地背下來。

解很快。

一下就會等到大家說明，為什麼，應該很容易就可以理解了。

相反地，沒有理解就死背的東西，很快就會忘記。

確實如此。

　　首先要說明的最基本的工具就是，求 $y = p$、$y = px$（p 為常數）的導函數公式。

　　前面只討論曲線的微分，但這並不表示不能微分直線。事實上，直線的微分和曲線是完全一樣的。不過，實際上，或許是因為思考直線的微分很沒有意義，所以會因為

沒有必要思考

而不去思考。基本上，微分是指一點的斜率。由於曲線上的線的曲度會不斷改變，因此，思考某一個點的斜率是很辛苦的。然而，如果是直線，則因為

不論選擇哪一個點，直線本身的斜率都相同

　　所以，即使不思考直線的導函數，只要直接使用最初的函數的斜率就可以了。

　　再從另一個角度說明，在極限的觀念中，之所以會求一點的斜率，是因為在曲線上，無法為了求斜率而取兩點。在直線上，只要照一般的方式選取兩點，再照一般的方式求出直線的斜率，就可以得出了。因此，不必特別進行微分。而且，就算這樣做，也只是「白費功夫」而已。說明至此，想必大家應該可以理解了，但如果還是要勉強對 x 的函數 $y = p$、$y = px$（p 為常數），針對 x 進行微分的話，該值最後還是會變成直線的斜率。由於原本的斜率分別為 0 和 p，因此，如果微分 $y = p$，答案就是 0，而微分 $y = px$，答案就是 p。

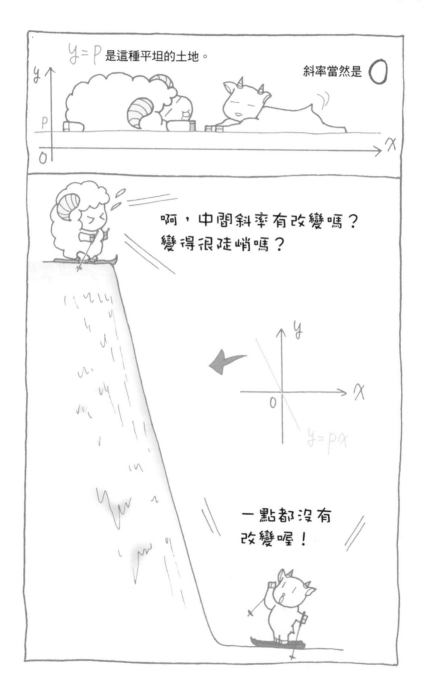

　　接下來要確認的就是，如果求兩個函數的和 $f(x) + g(x)$ 的導函數（微分），就會變成 $f'(x) + g'(x)$。如果對函數 $f(x)$ 針對 x 進行微分，就會變成

$$f'(x) = \lim_{h \to 0} \frac{f(x+h) - f(x)}{h}$$

因此，將 $f(x) + g(x)$ 針對 x 進行微分後的結果就可以用

$$\{f(x)+g(x)\}' = \lim_{h \to 0} \frac{\{f(x+h)+g(x+h)\}-\{f(x)+g(x)\}}{h}$$

這個式子來表現。如果將 { } 拿掉，調換順序，寫成

$$\{f(x)+g(x)\}' = \lim_{h \to 0} \frac{\{f(x+h)-f(x)\}+\{g(x+h)-g(x)\}}{h}$$

並進一步將分數分開重寫，就會變成：

$$\{f(x)+g(x)\}' = \lim_{h \to 0} \left\{ \frac{f(x+h)-f(x)}{h} + \frac{g(x+h)-g(x)}{h} \right\}$$

也就是變成：$\{f(x) + g(x)\}' = f'(x) + g'(x)$。

　　現在，為了被這些搞到頭痛的人，我們就稍微來複習一下，其實這個觀念很簡單，就是

加法和微分，不論哪一種先計算都可以！

　　話雖如此，這個和的微分公式會成為今後非常重要的公式。如果少了這個公式，可以說，「就如同想讓沒有輪胎的汽車行走一樣」，根本就沒辦法進行微分的演算。因此，就善用它吧。

可以把　$a(x+y) = ax + ay$　分解成

以專業用語來說，這樣就叫作「**線性**」（linearity）。

將薪水分給 8 個人時，

薪資袋　8 萬元

是要一起交給一個代表全體的人，

還是要從第一個人開始分別給，

1 萬　1 萬　1 萬　1 萬

只是這樣的差異而已。

不能分開的例子

$$(a+b)^2 \neq a^2 + b^2$$

（不行）　※ 正確為　$a^2 + b^2 + 2ab$

$$\sqrt{a+b} \neq \sqrt{a} + \sqrt{b}$$

（不行）

光看這個例子，會覺得是理所當然的事，但實際上，可以分解的例子並不多喔。

明明看起來很簡單，為什麼分解卻是可以的呢？證明請看左頁。

寫了一大堆，結果只是因為「加法可以分解」嘛。

$$\{f(x) + g(x)\}' = f'(x) + g'(x)$$

合起來微分的結果

與分別微分後再相加的結果是一樣的。

那就安心地分解吧。

30　從基本公式創造應用的工具

接下來，我想來創造一些有關微分的公式。但是，有些人會看不懂「創造公式」的意思。一般人都覺得公式是拿來背的，事實上並非如此。所謂數學，是可以從極少數的基本法則不斷累積起來的。所有的公式都可以還原為定義，或者是「更基本的公式」；而這些公式會再進一步成為基本公式，並在不久之後，全部成為「定義」。

所謂定義，是「已經確定的事」，所以不會再繼續探究（實際上，如果懷疑「那是真的嗎？」而探究定義的話，就會成為另一門學問的入口。舉例來說，以前就是因為要探究「不可以在 $\sqrt{}$ 中放入負數」這個定義，才會產生虛數這個概念）。換句話說，在微分中，$f'(x) = \lim_{h \to 0} \dfrac{f(x+h) - f(x)}{h}$ 就是一種定義，因此，不論今後出現什麼樣的微分公式，最終也應該都會還原為這個定義。

大家應該知道「2×5」就是「2加5次」這個「乘法的定義」吧。但是，就現實問題來說，還是會去背誦九九乘法表。因為如果不這麼做，就會非常麻煩、無法耐著性子計算。微分也一樣，只要先知道上述定義，不論遇到什麼樣的微分問題，應該都可以解決，但在現實中卻是絕對不可能的。由於人類所能承受的「複雜度」有一定的極限，因此，必須創造出可以將某個程度的智慧統整起來的「公式」。

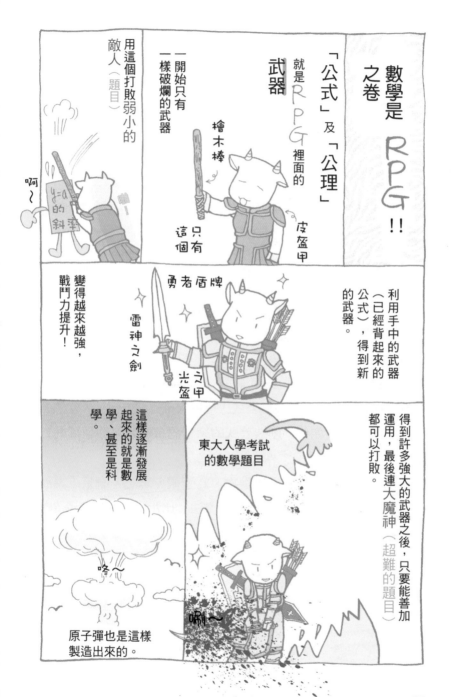

數學是 RPG！！

「公式」及「公理」之卷

武器

就是 RPG 裡面的武器

一開始只有一樣破爛的武器

檜木棒

只有這個

皮盔甲

用這個打敗弱小的敵人（題目）

啊～

y＝a 的斜率

利用手中的武器（已經背起來的公式），得到新的武器。

變得越來越強，戰鬥力提升！

勇者盾牌

雷神之劍

光盔甲

得到許多強大的武器之後，只要能善加運用，最後連大魔神（超難的題目）都可以打敗。

這樣逐漸發展起來的就是數學、甚至是科學。

東大入學考試的數學題目

咚～

嗶～

原子彈也是這樣製造出來的。

31　創造工具的意義

創造公式或是使用公式時，有一件事要注意，那就是

必須基於定義或既有的公式創造或使用，
禁止從其他方面創造或使用

很簡單吧。正因為有這項規則，剛剛才能說：「所有公式都可以還原為定義或『更基本的公式』。」

舊事重提，認為公式是拿來背誦用的人，可能會認為創造公式是一件沒有意義的事。而「創造公式」也的確極少成為考題。但是，要創造公式必須靈活運用既有的知識。基本上，所謂公式就是「把已知的知識加以彙整，使用起來就會很方便」，它是把知識與智慧連接起來的橋樑。至於「為什麼公式會被當作橋樑呢？」這自然有它的理由。不論是物流業和貨運業都一樣，總歸一句話，就是方便。每一個公式「可以帶來哪種方便」，當然各不相同，但不論如何，創造公式的練習將會成為幫助理解的方式。

另外，人類是會遺忘的動物，為了避免忘記，盡量「編故事」是很重要的。記住創造公式的方法，比背誦公式還容易留在記憶裡。

✱ 32 x^n的微分

這次要介紹的公式是工具組中最常用的公式，也就是只要活用$\{f(x) + g(x)\}' \Rightarrow f'(x) + g'(x)$組合，不管是 x 的二次方、三次方……n次方，都可以微分的好用公式。接著就馬上來做做看吧。

使用微分的基本式子、極限來表示 x^n 的微分時，會變成：

$$(x^n)' = \lim_{h \to 0} \frac{(x+h)^n - x^n}{h} \cdots ①$$

在這個式子中，比較麻煩的是 $(x + h)^n$。或許有人會想，這樣的式子要如何展開。由於突然就進入 n，會感到不知所措，所以可以先用 1 或 2 來取代 n，從比較小的數值慢慢增加。話雖如此，$n = 1$ 已經做過了，所以就從 $n = 2$ 開始吧。

$$(x + h)^2 = x^2 + 2xh + h^2$$

因此，

$$(x^2)' = \lim_{h \to 0} \frac{(x+h)^2 - x^2}{h} = \lim_{h \to 0} \frac{x^2 + 2xh + h^2 - x^2}{h}$$

$$= \lim_{h \to 0} \frac{2xh + h^2}{h} = \lim_{h \to 0} (2x + h) = 2x$$

接著來做 $n = 3$。

$$(x + h)^3 = x^3 + 3x^2h + 3xh^2 + h^3$$

因此，會變成：

$$(x^3)' = \lim_{h \to 0} \frac{(x+h)^3 - x^3}{h}$$

$$= \lim_{h \to 0} \frac{x^3 + 3x^2h + 3xh^2 + h^3 - x^3}{h}$$

$$= \lim_{h \to 0} \frac{3x^2h + 3xh^2 + h^3}{h} = 3x^2$$

看出什麼了嗎？

繼續來做 $n = 4$ 吧。

$$(x + h)^4 = x^4 + 4x^3h + 6x^2h^2 + 4xh^3 + h^4$$

因此，會變成：

$$(x^4)' = \lim_{h \to 0} \frac{(x+h)^4 - x^4}{h}$$

$$= \lim_{h \to 0} \frac{x^4 + 4x^3h + 6x^2h^2 + 4xh^3 + h^4 - x^4}{h}$$

$$= \lim_{h \to 0} \frac{4x^3h + 6x^2h^2 + 4xh^3 + h^4}{h} = 4x^3$$

讓我們來看看發生了什麼事。

展開 $(x + h)^4$ 後，x^n 項的係數是 1，因此，在式子①的分子中，會因為被減掉而消失。而 $x^{n-1}h$ 項則會因為分子、分母的約分而留下來。$x^{n-2}h$ 以後的各項在約分後，還是會留下 h，因此，會因為使用極限而消失。

換句話說，重點在於：

$x^{n-1}h$的係數

而且，我想大家應該都隱約注意到一件事，

$(x + h)^n$ 中的 $x^{n-1}h$ 項的係數是 n

要說明這點，必須使用「二項式定理」（binomial theorem）。但是，由於必須稍作說明的事很多，因此，這裡就先知道結論就好，就算跳過不讀也沒關係。

所謂的二項式定理是一種表示二項式冪級數展開的公式，也就是表示像 $(x + h)^n$ 這種式子的展開公式。

這一節所要講的正是這個

那麼，如果要問這是什麼，其實就是這樣的式子：

$$(x + h)^n = x^n + {}_nC_1 x^{n-1}h + {}_nC_2 x^{n-2}h^2 + \cdots + h^n$$

好像出現了新的符號。${}_nC_k$ 是表示「從 n 個裡面選擇 k 個總共會出現的組合數」。

這裡要注意的是 $x^{n-1}h$ 項，因此，就是 ${}_nC_1$ 會是多少？只要套用上述的定義，就是「從 n 個裡面選擇 1 個的組合數」。那麼，會有多少種組合呢？答案是有 n 種；換句話說，就是 n。

因此，結論是，x^n 的微分公式為：

$$(x^n)' = n\, x^{n-1}$$

$$(x^n)' = nx^{n-1}$$

這是最好用的技巧。

只要記住這個，就算左邊和右邊都不知道，也能順利通過微分的測驗。這簡直就可以稱為最強大的咒語。

一點也不誇張！

先不管咒語了 $x^{\bigcirc}$（x 乘 $\bigcirc$ 次）的微分就是

① 把右上方的數字拿到前面

② 把右上方的數字減掉 1

完工。只有這樣喔！

✦ 33　積的微分

　　接著來創造微分兩個函數的乘積，也就是微分 $f(x) \times g(x)$ 的公式。兩個函數的和的微分，就是將個別函數微分後的所得結果相加。那麼，如果換成乘積呢？也是將各個函數分別微分後再相乘嗎？

不是

　　事實上，兩個函數的積的微分公式如下：

$$\{f(x)\,g(x)\}' = f'(x)\,g(x) + f(x)\,g'(x)$$

　　感覺很麻煩吧。接著，就來做做看為什麼會變成這樣的式子。這個公式也是從基本的 lim 公式導出來的。首先，要依照基本做法，寫成微分的式子，所以會變成：

$$\{f(x)\,g(x)\}' = \lim_{h \to 0} \frac{\{f(x+h)\,g(x+h)\} - \{f(x)\,g(x)\}}{h}$$

　　這裡的重點是，為了要寫成 $f(x+h) - f(x)$ 這個形式，必須在分子加上 $-g(x+h)f(x)$ 和 $+g(x+h)f(x)$ 這種式子（注意這個式子本身是 ±0）。如此一來，右邊就會變成：

$$\lim_{h \to 0} \frac{f(x+h)g(x+h) - f(x)g(x+h) + f(x)g(x+h) - f(x)g(x)}{h}$$

　　再稍微變化一下，改成：

$$\lim_{h \to 0} \left[\frac{g(x+h)\{f(x+h) - f(x)\}}{h} + \frac{f(x)\{g(x+h) - g(x)\}}{h} \right]$$

如何快速
吸引對方？

世良悟史 —— 著

好感溝通
聊著聊著就脫單

總是被
不讀不回？

不曉得怎麼
開話題？

⋯

世茂 世潮 智富 出版有限公司 電話：(02)2218-3277
新北市新店區民生路 19號 5樓 傳真：(02)2218-3239

世潮出版／定價380元

談場雙向奔赴的戀愛，撩人撩心的錯覺溝通術

「希望我喜歡的人能喜歡我」無論男女，只要喜歡一個人，都會有這個想法。

一般的戀愛技巧都是基於作者自身的經驗或心理學，讓人覺得並不適用於自己。

交友軟體該怎麼打自我介紹？

初次見面時如何讓對方留下好感？

怎麼跟對方聊天？

讀懂戀愛背後隱藏的祕密，

成為戀愛關係的贏家！

問題！

$$F(x)=(x^2+3x+9)(x^2-x+15)$$ 請微分。

① 什麼都沒想就展開的話……

$$F(x)=(x^2+3x+9)(x^2-x+15)$$
$$= x^4-x^3+15x^2$$
$$\qquad +3x^3-3x^2+45x$$
$$\qquad\qquad +9x^2-9x+135$$
$$= x^4+2x^3+21x^2+36x+135$$
$$F'(x)= \underline{4x^3+6x^2+42x+36}$$

這裡會很麻煩。

② 如果使用左頁的公式……

$$F'(x)=(x^2+3x+9)'(x^2-x+15)+(x^2+3x+9)(x^2-x+15)'$$
$$= (2x+3)(x^2-x+15)+(x^2+3x+9)(2x-1)$$
$$= 2x^3-2x^2+30x$$
$$\qquad +3x^2-3x+45$$
$$\quad +2x^3-x^2$$
$$\qquad +6x^2-3x$$
$$\qquad\qquad +18x-9 \;= 4x^3+6x^2+42x+36$$

如果像這樣照x的累乘一行一行地寫，就不太會出錯了！

微分本來就題目是這樣。

不要這樣說啦！

兩種都很麻煩耶！

由於 $\lim\limits_{n \to 0} g(x + h)$ 會變成 $g(x)$，因此，會變成：

$$\{f(x)\, g(x)\}' = f'(x)\, g(x) + f(x)\, g'(x)$$

這樣公式就完成了。

有時為了方便起見，也會使用面積來說明。請看右頁的插圖。

可能要花一點時間才會習慣，不過，這個公式真的是非常方便。

事實上，x^n 的微分公式也可以從積的微分公式導出來。舉例來說，因為 $x^2 = x \times x$，因此，x^2 的微分可以這樣計算：

$$(x^2)' = x \times (x)' + (x)' \times x = x + x = 2x$$

而如果將 x^3 改成 $x^3 = x^2 \times x$，那就是：

$$(x^3)' = x^2 \times (x)' + (x^2)' \times x = x^2 + 2x \times x = 3x^2$$

以此類推。每當次方數增加，係數也會跟著增加。

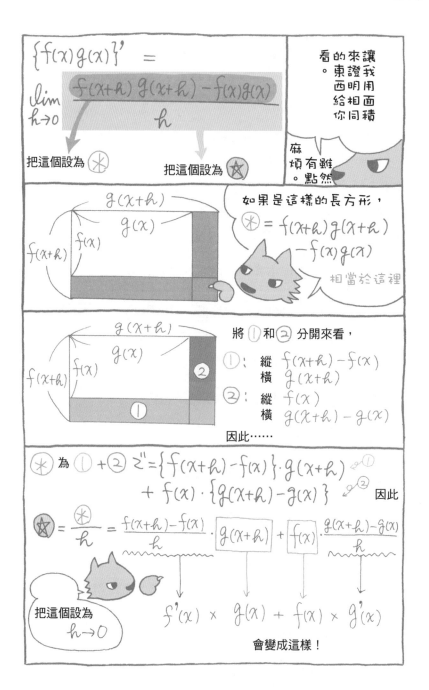

✤ 34 合成函數的微分

現在各位已經會做各種類型的微分了。接著讓我們來試著將 $y = (2x + 3)^8$ 這種累乘的式子微分。

如果要使用前面學會的 x^n 與 $f(x) + g(x)$ 的微分公式來微分，必須先展開之後再微分。實際將這個式子展開後，就會變成：「$256x^8 + 3072x^7 + 16128x^6 + 48384x^5 + 90720x^4 + 108864x^3 + 81648x^2 + 34992x + 6561$」，但說實話，你一定會覺得

這種東西根本就不可能算出來

如果有耐心、有時間，那當然是有可能算得出來，但如果必須像這樣計算，創造方便的工具就失去意義了。因此，接下來要來想辦法創造一個公式，使我們能夠

在不展開算式的狀態下進行微分

前面也說過，

公式本來就是為了享受數學之樂而衍生出的產物

如果不找一個方法，好讓我們能輕鬆地完成這麼麻煩的計算，公式就失去存在的目的了。而在這裡，能夠讓人輕鬆計算的方法就是「合成函數的微分法」。

舉例來說，如果這個式子只是單純的 $y = x^8$，就是已經介紹過的 x^n 的微分，因此，只要 1 秒就能寫出答案。另外，即使是 $y = 2x + 3$，只要使用 $f(x) + g(x)$ 的微分公式，還是只要 1 秒就能計算出來。但是，一旦將這兩個式子組合起來，就會變得很困難，

讓人失去鬥志。就像如果和幼兒比賽相撲的話，瞬間就可以獲勝，但如果對象是好幾個幼兒，就會被擠得七葷八素；或者像只有一隻史萊姆（編注：slime，一種在數位遊戲中經常出現的虛構生物，外型像綠色爛泥）時只要一場就可以打敗，但如果同時出現許多隻史萊姆並合而為一，就會被擊潰一樣，總之，事情就會變得很棘手。

話雖如此，如果是個體的話，還是能夠在瞬間處理完畢。既然這樣，「就在它們聚在一起之前，想辦法解決吧。」這就是合成函數的微分的基本觀念。

因此，在這裡，決定將想要微分的 $y = (2x + 3)^8$ 先分成兩個部分。就像在組裝模型時，會先將各個部位分別組裝完畢之後，再全部組合在一起一樣；因此，我們要先將可以輕易完成的 $y = x^8$ 與 $y = 2x + 3$ 分別進行微分，然後再將兩者組合在一起。

從前面開始，我們就一直提到「$y = x^8$」，但實際上，這並不是 x^8，而是 $(2x + 3)^8$，因此，最好不要直接寫成 $y = x^8$。所以，我們另外準備一個較恰當的新字 u。假設 $u = 2x+3$，原來的算式就可以用 $y = u^8$ 來表示。如此一來，就可以分成兩個部分了。

如果對這個算式針對 u 進行微分，就會變成 $\dfrac{dy}{du} = 8u^7$。另一方面，如果對於 $u = 2x + 3$ 再針對 x 進行微分，就會變成 $\dfrac{du}{dx} = 2$。突然以分數的形式來表現微分，不知道你還記得嗎？這就是萊布尼茲所研究出來的表記法，「用什麼微分」要放在分母。

這麼一來，兩個零件就組裝完成了，接下來只要思考如何將兩者組合在一起就行了。那麼，我們先將已經組裝完畢的零件放在旁邊，回過頭來思考原來的式子的微分。對 $y = (2x + 3)^8$ 針對 x 進行微分的式子可以用 $\dfrac{dy}{dx}$ 表記。接著將 3 個式子微分後的結

果並排在一起，就是 $\dfrac{dy}{du}$、$\dfrac{du}{dx}$、$\dfrac{dy}{dx}$。看到這個，有沒有什麼發現呢？

沒錯！$\dfrac{dy}{dx}$ 可以用 $\dfrac{dy}{du} \times \dfrac{du}{dx}$（分子與分母的 du 因為約分而被消掉）求出來。接著，將這個套入 $y = (2x+3)^8$、$y = u^8$、$u = 2x+3$，就會變成 $\{(2x+3)^8\}' = 8u^7 \times 2$。接下來，只要將擅自代換的 u 換回原來的 $2x+3$，就會變成：

$$\{(2x+3)^8\}' = 8(2x+3)^7 \times 2$$

這樣就可以很輕易地進行微分了。

合成函數的微分法就是要利用新文字將看起來可以拆開的式子分開來，針對被拆開的式子進行微分之後，再全部重新組合起來的方法。而這種方法最重要的觀念就在於：

$$\dfrac{dy}{dx} = \dfrac{dy}{du} \times \dfrac{du}{dx}$$

做為分數的算式，這是完全理所當然的公式，不過，能讓人注意到這一點，還是要歸功於這個聰明的表記法。做得很好！萊布尼茲。

順帶一提，如果將上述的 $8(2x+3)^7 \times 2$ 展開，就會和將原來的算式展開後再微分的結果一樣。雖然有點辛苦，還是準備紙筆做做看吧。

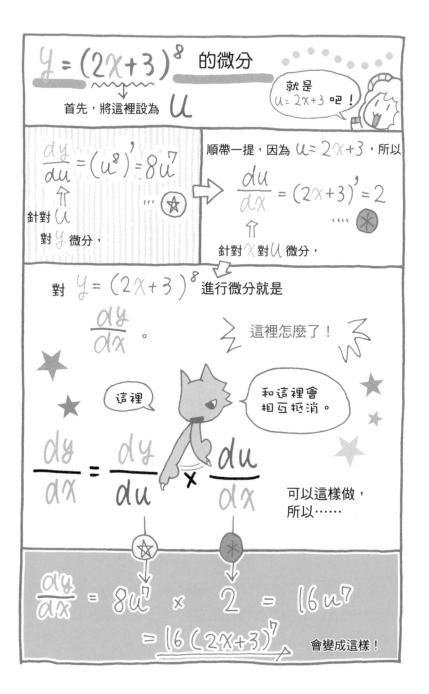

35　利用微分畫圖形

那麼，差不多該實際來運用微分了。

例題：請畫出 $y = 2x^3 + 3x^2 - 12x + 6$ 的圖形。

看到這個題目，或許有人會覺得「很簡單」。但是，請先等一下。知道怎麼畫這個圖形的人也已經理解「為什麼可以用那個方法」了嗎？還是只是記住如下的解題模式「畫三次函數的圖形時要先微分，然後畫增減表……」

事實上，有許多人都只是靠記住「模式」將「畫法」「當成知識或經驗加以吸收」，而不理解為什麼要用那種方法畫。其實，這就是我們經常說的

不斷練習的成果

但是，如果說得難聽一點，就只是像機器人一樣，只是靠制約反應在作業了。

當然，經由持續的練習，反射式地進行計算或解題是一件好事。但是，那終究還是需要有基本的理解，否則當遇到必須加以應用的題型或陷阱時，就會

非常輕易地掉入陷阱

因此，請再一次回顧我們之前是如何畫圖形的，然後再利用微分這種工具，讓自己能夠畫出還不知道形狀的圖形。

36　正確描繪出二次函數的圖形

　　大家應該是在中學時，學會畫一次函數和二次函數的「大致圖形」的吧。一次函數只要知道一點和斜率，就可以畫出圖形，因此，中學時學到一次函數的要點就是「斜率與截距」（intercept）。換句話說，只要知道斜率與截距，就可以畫出相應的正確圖形。

　　但是，二次函數就無法這麼準確了，只能先求出頂點，以「差不多是這樣的感覺」畫出拋物線。和一次函數的直線不同，二次函數只會是曲線，因此，比較難用繪圖工具畫出正確的圖形。

　　二次函數的頂點位置要正確訂出。尖端的方向是朝上或朝下也必須知道（如果畫錯方向，考試就只能拿到鴨蛋了）。但是，要正確畫出後面的部分也很不容易。當然，只要確實計算出每一個點，並照著點描繪，就可以畫出正確的圖形，但是，這得花上好一段時間。而且，如果要在考試中正確地算出每一個點，其他題目就沒辦法做了。

　　因此，能抓到

「差不多是這樣吧！」

的感覺來畫出圖形，反而比較重要。與其說差不多地畫出來，還不如說是「好好地」畫出大致的樣子。這麼一來，不管二次函數的算式多麼麻煩，終究還是拋物線而已。因此，只要確實掌握頂點和方向，就可以畫出大致的圖形。

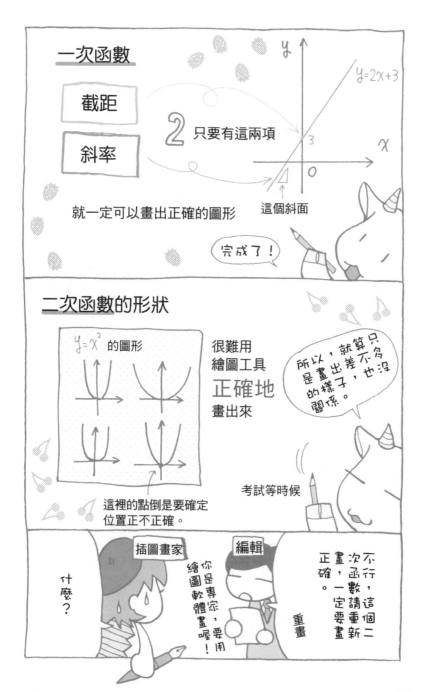

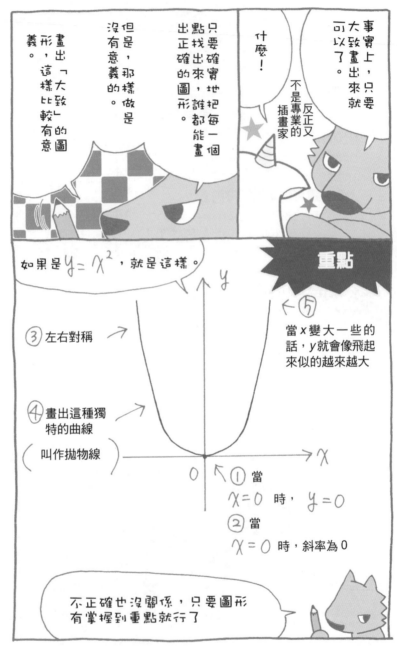

事實上，只要大致畫出來就可以了。

什麼！

反正又不是專業的插畫家

只要確實地把每一個點找出來，誰都能畫出正確的圖形。

但是，那樣做是沒有意義的。

畫出「大致」的圖形，這樣比較有意義。

重點

如果是 $y = x^2$，就是這樣。

當 x 變大一些的話，y 就會像飛起來似的越來越大

③ 左右對稱

④ 畫出這種獨特的曲線（叫作拋物線）

① 當 $x = 0$ 時，$y = 0$

② 當 $x = 0$ 時，斜率為 0

不正確也沒關係，只要圖形有掌握到重點就行了

其實**二次函數**（ $y = ax^2 + bx + c$ ）的圖形

只要 a 相同，形狀就會相同。

只要描出相同的形狀就 OK 了。

可以使用模板耶！

例如，如果是 $y = x^2 + 2x + 3$ ，

因為，

$$y = x^2 + 2x + 3 = (x+1)^2 + 2$$
$$\rightarrow (y-2) = (x+1)^2$$

所以就會變成將

$y = x^2$ 的圖形的 $\begin{cases} x \rightarrow -1 \\ y \rightarrow +2 \end{cases}$

往左上方挪移的圖形。

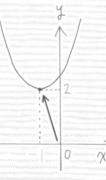

順帶一提，模板為 $y = \textcircled{a}\, x^2$

根據這裡的大小，

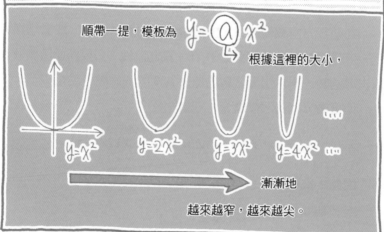

漸漸地

越來越窄，越來越尖。

97

37 畫三次函數的圖形

和一次函數、二次函數不同,三次函數以上的圖形並沒有「固定的形狀」。

因此,就不能再使用「通過這一點,接下來大概是這種感覺」的方法了。

但即使是三次函數以上的圖形,還是和二次函數一樣,只要大致畫出來即可。因此,還是要以必須掌握的重點為基礎,以

「大致上是這個樣子」

的感覺畫出圖形。

而要找出重點,就要發揮微分的用處了。

那麼,就實際來畫例題「$y = 2x^3 + 3x^2 - 12x + 6$ 的圖形」吧。就像在二次函數中,先求出頂點後,再畫出圖形一樣,三次函數的重點也在於,先求出「圖形方向改變的點」,然後才畫。

那麼,要如何求出方向改變的點呢?

在函數方向改變的點,函數會從增加變為減少,或者剛好相反。這時切線的斜率會瞬間變成 0。換句話說,只要將函數微分,求出導函數,再求出導函數的值變為 0 的那個點,就可以了。

如果微分兩邊,就會是:

$$y' = 6x^2 + 6x - 12 = 6(x + 2)(x - 1)$$

因此,當

$$x = -2, 1$$

三次函數的圖形畫法，來囉！

將 $y = f(x) = 2x^3 + 3x^2 - 12x + 6$ 微分

$$\Rightarrow f'(x) = 6x^2 + 6x - 12$$
$$= 6(x^2 + x - 2) = 6\underline{(x+2)(x-1)}$$

畫出大致的形狀，就是這種感覺。

也就是變平時，斜率是 ○，

因此，圖形的斜率是 ○，

當 ① $x = -2$、② $x = 1$ 時，會變成 ○。這裡

是在 ① $x = -2$、② $x = 1$ 的時候。

這裡來做一下增減表。

x	$\cdots$	① -2	$\cdots$	② 1	$\cdots$
$f'(x)$		0		0	
$f(x)$					

想要畫出正確的圖形，就必須求出這裡的 $f(x)$。

$f(-2) = 2(-2)^3 + 3(-2)^2 - 12(-2) + 6 = 26$
$f(1) = 2(1)^3 + 3(1)^2 - 12(1) + 6 = -1$

因此，圖形到這裡就完成了。

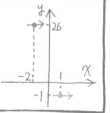

時，切線的斜率就會變成 0。

由於已經找到 x 座標，所以就將這個值（$x = -2, 1$）帶入原來的函數中。如此一來，就可以知道「圖形方向改變的那個點」的座標。就是（-2, 26）、（1, -1）。順帶一提，這個點叫作

極值點

而在極值點上的函數值（y 座標的值）就叫作

極值

當知道即將轉彎的點之後，接著就要檢查極值點之間的曲線圖。極值點與極值點之間，應該只會一直增加，或者是一直減少（只要沒有極值點被遺漏掉）。因此，只要將極值點間一個適當的 x 的值帶入導函數中，就可以知道增減（導函數的值為正或負）。接下來，就可以和二次函數一樣，畫出大致的圖形。

換句話說，想要畫函數的圖形，只要

①利用微分求出極值點（確實通過的點）。

②求出極值點之間的增減（函數的大致形狀）。

就可以了。至於讓這些作業能夠對照判斷的一覽表，就叫作「增減表」。

隨著函數的次方數增加，大部分極值的數都會增加。這並不是因為我們已經知道，次方數高的函數一定可以求出極值（像二次方程式的解的公式就不是高次方函數）。但是，差別只有這個而已，畫圖的技巧還是和三次函數一樣。

接下來就把「中間」填滿。

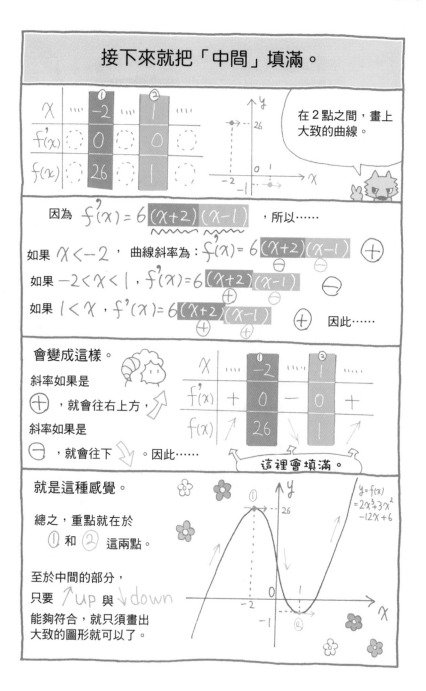

在 2 點之間，畫上大致的曲線。

因為 $f'(x) = 6(x+2)(x-1)$ ，所以……

如果 $x < -2$ ，曲線斜率為：$f'(x) = 6(x+2)(x-1)$ $\oplus$

如果 $-2 < x < 1$ ，$f'(x) = 6(x+2)(x-1)$ $\ominus$

如果 $1 < x$ ，$f'(x) = 6(x+2)(x-1)$ $\oplus$　因此……

會變成這樣。

斜率如果是 $\oplus$ ，就會往右上方，

斜率如果是 $\ominus$ ，就會往下。因此……

x	……	-2	……	1	……
$f'(x)$		+	0	−	0	+
$f(x)$	↗	26	↘	1	↗

這裡會填滿。

就是這種感覺。

總之，重點就在於 ① 和 ② 這兩點。

至於中間的部分，只要 ↑up 與 ↓down 能夠符合，就只須畫出大致的圖形就可以了。

$$y = f(x) = 2x^3 + 3x^2 - 12x + 6$$

38　任你塞的包裹專用袋？
～利用微分算出郵件容量的極限～

　　微分的話題終於要進入最後的部分了。既然已經學了微分，最後就來為大家說明一下微分的實際運用。

　　日本郵局有一種「專用袋包裹（EXPACK）500」的服務（編注：類似台灣郵局推出的便利袋），只要向郵局購買專用信封，不論裡面塞多少東西，都只要500圓就可以寄到全國各地。

　　那麼，這種專用信封最多能裝多少東西呢？接下來，我們就用微分來求500圓可以郵寄的最大量吧。

　　順帶一提，這種包裹的重量限制為 30 kg。專用信封的尺寸為 248 mm×340 mm，但我們還是以數學的方式 $a \times b\,(a < b)$ 來表現。信封一開始是壓扁的，但只要裝東西進去，四個邊就可以拉高變成「高度」。這裡先將「高度」設為 x。由於信封的體積 V 會隨著 x 增減，因此，如果將這個寫成 $V(x)$，就會變成：

$$V(x) = 2x(a - 2x)(b - 2x)$$

而這個信封能裝多少東西，就等於要把這個 x 設為多少的問題。

　　在將式子大幅變形前，先來檢討這個 $V(x)$ 是否妥當。如果 $x = 0$（也就是高度為 0），長寬就是 a 和 b，所以體積為 0。數字從 0 開始慢慢變大時，V 就會逐漸變大，但如果接近 $\dfrac{a}{2}$，$(a - 2x)$ 就會接近 0，而 V 也會越來越小。換句話說，在這之間，應該有「一座山」會讓體積變到最大。那麼，這座山的山頂在哪裡呢？

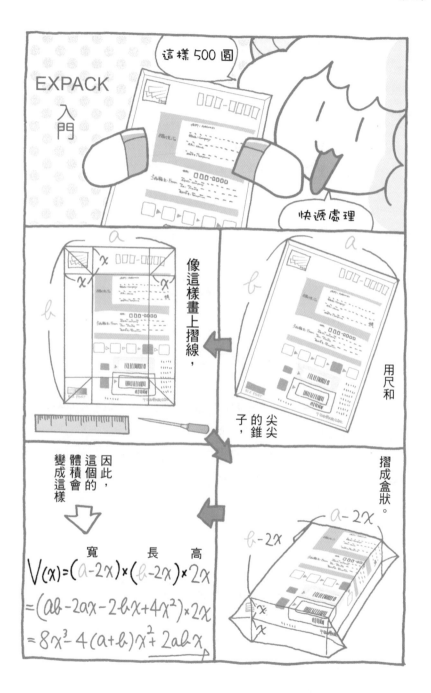

由於山頂是往上變為往下的地方，以斜率來說的話，就是變為 0 的地方。三次函數的圖形大部分都有 2 個山頂（第二個山頂應該稱為谷底）。在兩個微分後等於 0 的二次方程式的解之中，第一個解就是想要求的山頂位置。

$$V(x) = 8x^3 - 4(a+b)x^2 + 2abx$$
$$V'(x) = 24x^2 - 8(a+b)x + 2ab$$

想要尋找 $V'(x) = 0$，只要解開二次方程式即可※，因此，

$$x = \frac{(a+b) \pm \sqrt{a^2 + b^2 - ab}}{6}$$

第一個解是比較小的那個，所以是±中的－。

因此，山頂的位置就會是：

$$x = \frac{(a+b) - \sqrt{a^2 + b^2 - ab}}{6}$$

接著將 $a = 248\,\text{mm}$、$b = 340\,\text{mm}$ 帶入計算，會得到 $x = 47.2\,\text{mm}$，因此，這時候的體積就是 $3561\ \text{cm}^3 \div 3.5$ 公升。

「什麼！可以裝到 3 公升以上？沒有算錯嗎？」或許你會這樣想，但這個答案是正確的。這個信封裡面，可以裝進 3 瓶以上的 1 公升牛奶。

※1：二次方程式的解的公式

$$Ax^2 + 2Bx^2 + C = 0 \ \text{時}，x = \frac{-B \pm \sqrt{B^2 - AC}}{A}$$

但是，由於 EXPACK 的重量限制為 30 kg，所以，我們可以算看看，能否把鐵裝進信封裡。由於鐵的密度為 8 g/cm³，因此，可容納的最大體積的鐵，重量約為 28 kg，在安全範圍之內。

換句話說，如果將鐵鑄成可以完全裝進信封裡的大小，即使是鐵塊，也可以用 500 圓就寄送到全國各地。

換成其他金屬又是如何呢？若放進銅（銅的密度為 9 g/cm³），重量是 32 kg，會超過限制；若放進鈾（鈾的密度為 19.05 g/cm³），重量將近 70 kg。這樣大概會被郵局的人罵吧（先不說重量，光是要郵寄鈾，就會被罵了）。由於 EXPACK 的重量設定就是即使放入最大容量的鐵，也可以寄送，因此，

只要能裝得進去，就不必太擔心會超過重量限制

這一點在使用微分計算後就可以發現了。

微分真的是相當有用耶。之前一直都先秤過 EXPACK 的重量才寄的人，以後只要不是寄送銅、金或鈾，就不必再秤重了。你要不要也試試看利用微分來求身邊的一些極限呢？

順帶一提，其實還有摺成圓筒狀的技巧。

39　微分的出口

　　微分的話題要在這裡告一段落了，大家辛苦了！

　　但事實上，從現在開始，微分才要進入正題。前面的就像只是辛苦的基礎練習，還沒進入正式比賽一樣。但是，你一定會說，接下來不是要進入積分了嗎！話雖如此，但是，告訴你一件事吧。

積分最適合拿來作為微分的練習了

　　學積分不可能「只要會積分就夠了」，必須和微分一起學會。先有這樣的概念後，再一起享受接下來的積分之樂吧。

第 2 章

積分

微分和積分的關係

就像是銅板的

正面與背面,

或者是鏡子中

另外一個自己⋯⋯

40　積分與微分的關係

　　這本書也進入到後半階段了，接著就來為大家介紹積分吧。

　　微分與積分經常被放在一起討論。甚至也有人說要叫作微積分比較好，雖然不過是省略掉一個「分」而已。

　　那麼，到底什麼是積分呢？又是用來做什麼的呢？

　　其實，如果要用一句話準確地解釋積分的話，那就是：

微分的相反

　　因此，微分和積分才會經常被放在一起討論。

　　第一次學習積分的人應該會心想：

不懂那是什麼意思

　　確實如此，突然聽到這種解釋，怎麼可能會懂。因此，讓我們先來了解一下它的意思。

　　前面提到，微分的目的是要求出變化與斜率；而積分則是為了求面積才發明的，這一點後面會再詳細說明。

　　說明到這裡，覺得如何呢？難道是說斜率和面積有關係嗎？

越看越不懂了

　　其實，所謂的「積分和微分處於相反的關係」，這是基於計算方法所作的解釋。以數學用語來說，就稱為逆運算，也就是類似乘法和除法之間的關係。

原本微分和積分就是被視為不同的東西而分別進行研究的。但是，後來發現「微分和積分有逆運算的關係」，所以兩個就結合在一起了。是不是覺得這樣「很了不起」呢？不覺得嗎？也是啦。

以微分和積分來說，積分的歷史久遠多了。關於人類獲得積分的基本觀念，可以回溯到希臘的阿基米德時代或埃及時期。前面曾提到「積分的目的是要求出面積」，其實這是因為從古時候起，就會因為遺產繼承等事情，而需要「正確地求出面積」。據說阿基米德生於西元前287年，所以大約是2300年前的事了。

另一方面，微分是在萊布尼茲與牛頓的時代研究出來的，而牛頓是1642年出生的。

沒錯，人類對於瞭解積分是微分的逆運算這一點，

花了將近2000年的時間

牛頓、萊布尼茲，謝謝你們。看，是不是越來越有「真偉大」的感覺了呢？

那麼，在知道是「逆運算」的關係之後，又有什麼事情值得開心呢？有的，有件很重要的事，那就是

只要學會一種，就可以反過來理解另外一種

雖然事實上並沒有那麼簡單，但是，就某個程度來說，這是真的。而且，我們已經學會微分了，沒有道理不拿出來使用。

只要依據基本的觀念進行積分，就可以學會運用了極限觀念的「分部求積法」（mensuration by parts）。這個在本書後面也會做，但是，

微分的相反就是積分。
積分的相反就是微分。

……似乎已經很多人有這樣的概念……

老實說，這是很麻煩的做法

另一方面，既然可以將積分想成是「微分的相反」，那麼，對已經學過微分的人（就是我們！）來說，就能降低學習的難度。

如果「用式子」來表現「微分和積分為逆運算的關係」，那就是：

$$f(x) = \frac{d}{dx} \int_0^x f(t)dt$$

突然寫出式子，你一定會覺得「這是什麼東西啊！」但是，總之就是先讓它露個臉吧。

接下來，本書將會以

①積分的計算方式＝將微分反過來計算即可

②積分的意思

③理解 $f(x) = \dfrac{d}{dx} \int_0^x f(t)\,dt$ 這個式子

這樣的順序來進行說明。

首先，希望你能在已經瞭解「微分和積分是逆運算」這一點的前提之下，接著也能記住積分的計算方式。了解這一點之後，我要開始解說積分本來的意思了。然後，就會進入主題，即「微分和積分是逆運算」的說明。

只要像這樣按照步驟走，就一點也不困難了。

接下來就要進入說明了，請牢牢記住這個說明的順序。

順帶一提，如果以數學式來表現牛頓＆萊布尼茲

所發現的「<u>微分的相反就是積分</u>」，

就是：

$$f(x) = \frac{d}{dx} \int_0^x f(t)\,dt$$

← 這個

> 嗯？這是什麼？

> 我就知道你大概又會這樣想。

> 怎麼可能記得起來呢。

首先，

$$f(x) = \frac{d}{dx} \int_0^x f(t)\,dt$$

<u>微分的咒語</u>

<u>積分的咒語</u>

大致上先這樣思考，

我將會就每個文字的意思依序說明。

41　積分寫法的練習

接著就立刻來學積分的計算方式。再說一次，意思留到後面再來解釋。現在請先「不要思考意思」，只要相信這本書、照書上所說的，來練習積分的計算。信我者得永生，雖然偶爾也會因為相信我而失敗啦。

首先，是積分式子的寫法。

還記得微分有幾種寫法嗎？有一種比較簡單的寫法，和另外一種文字數稍微多一點、但可以看出是用什麼文字進行微分的寫法，那就是：

$$f'(x)\ 和\ \frac{d}{dx}f(x)$$

這裡的「用什麼文字」進行微分，這一點必須隨時注意。但是，等到「慢慢開始了解」的時候，也可以使用前面那種簡單的寫法。

和微分一樣，積分也必須注意「用什麼文字」進行積分，這一點請注意。

接著就來看具體的例子吧。

① $f(x)$「對 x」積分的話，會變什麼呢？
② $f(x)$「對 y」積分的話，會變什麼呢？

①要寫成 $\int f(x)\,dx$，②要寫成 $\int f(x)\,dy$。以①為例來說明寫

法的話，就是：

用 ∫ 和 dx 將 f(x) 夾住的樣子

就意思來說，就是先將 $f(x)$ 和 dx 相乘，最後再進行 $\int$。換句話說，就是 $\int (f(x) \times dx)$，但目前先知道是「像夾住的樣子」就可以了。

對 x 積分後，最後就會寫成 dx。如果是對 y 積分，最後就會寫成 dy。換句話說，這裡最後的

d 某某

就表示「對什麼文字積分」的意思。

之後會說明每一個文字的意思。

接下來是讀法。讀法很重要，因為人類無法理解讀不出來的東西。

$$① \int f(x)\,dx \quad ② \int f(x)\,dy \quad ③ \int g(x)\,dt$$

①以文字來說，是讀作「integral・fx・dx」。最前面的符號是讀作「integral」。但是，

「$f(x)$ 對 x 積分……」

這樣的讀法比較自然（笑）。

相同地，另外兩種就是「$f(x)$ 對 y 積分……」、「$g(x)$ 對 t 積分……」，但其實讀法是可以更自由的。舉例來說，即使筆記上只寫著「佐藤」，但如果那是結婚典禮的演講稿，實際上就會讀作「新郎佐藤先生」，如果是擅長說話的人，就會增添更多的形容詞。

由於 $f(x)$ 是 x 的函數，在①中，對 x 積分是極為普通的。因此，就像「積分 $f(x)$」一樣，有時候也可以省略掉「對 x」。

反而是教科書裡都會省略

不過，②的「$f(x)$ 對 y 積分」的「對 y」就絕對不可以省略。由於很少會對 x 以外的文字（這裡是指 y）積分 $f(x)$，所以當這樣做時，就必須確實強調「對 y」這一點。同樣地，③也要特別讀出「對 t」積分這個部分。

積分符號

$$\int = \text{integral}$$

讀作

是 Summation（總和）的
第一個字母 S
往上下拉長而成的。

$$\int f(x)dx : \text{integral} \cdot \text{fx} \cdot \text{dx}$$

讀作

意譯：「將 $f(x)$ 這個式子對 x 積分」。

言歸正傳。關於 $f(x)$、$g(t)$ 之類的。

$$y = 3tx^2 + 2t^2x + t^3$$

例如：

針對這個式子，把 x 當成主角的話，

$f(x)$ 就是把 x 放進去後，就會跑出 $f(x)$ 的黑箱子，這個前面說過了。

$$y = f(x) = 3t \; x^2 + 2t^2 \; x + t^3$$

→ x 的二次函數

這樣就會變。

換個觀點來表示即可。式子是相同的。現在以 t 為中心來思考，

$$y = g(t) = t^3 + 2x \, t^2 + 3x^2 \, t$$

→ t 的三次函數

這樣就會變。

但是，如果以 t

接下來，終於要介紹計算方法了。

前面已經說過很多次了，積分是微分的逆運算。這表示，只要遇到「請計算 $\int f(x)\,dx$」的題目，只要想成「什麼東西對 x 微分後會變成 $f(x)$」，就是正確答案了。

$$① \int x^2 dx \quad ② \int x dx \quad ③ \int 2x^3 dx \quad ④ \int dx$$

①是「什麼東西對 x 微分後，會變成 x^2？」的意思。那麼，會是什麼呢？x^3 微分後，是 $3x^2$ 吧。

可惜！還差一點！

讓 3 可以順利消失吧。答案是 $\frac{1}{3}x^3$。為了確認，就來微分看看吧。

$$\left(\frac{1}{3}x^3\right)' = \frac{1}{3} \times \left(x^3\right)' = \frac{1}{3} \times 3x^2 = x^2$$

沒問題吧。同樣地，②是 $\frac{1}{2}x$，③是 $\frac{1}{2}x^4$。

那④該怎麼辦呢？其實只要想成是 $\int 1 dx$ 裡的 1 躲起來就可以了。對 x 微分會變成 1 的就是「x」了。

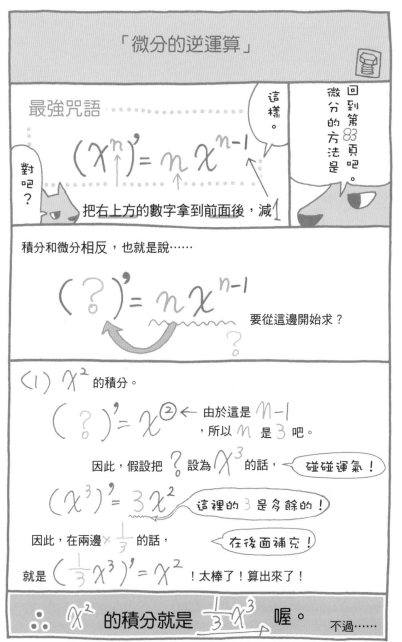

「微分的逆運算」

最強咒語

這樣。

回到第83頁吧。微分的方法是

$$(x^n)' = n x^{n-1}$$

對吧？

把右上方的數字拿到前面後，減1

積分和微分相反，也就是說……

$$(?)' = n x^{n-1}$$

要從這邊開始求？

〈1〉 x^2 的積分。

$$(?)' = x^{②} \leftarrow$$ 由於這是 $n-1$，所以 n 是 3 吧。

因此，假設把 ? 設為 x^3 的話， 碰碰運氣！

$$(x^3)' = 3 x^2$$ 這裡的 3 是多餘的！

因此，在兩邊 $\times \frac{1}{3}$ 的話， 在後面補充！

就是 $\left(\frac{1}{3} x^3\right)' = x^2$ ！太棒了！算出來了！

x^2 的積分就是 $\frac{1}{3} x^3$ 喔。 不過……

待續

44 積分常數

前面寫到「對 x 微分會變成 x^2 的東西是什麼？」這個題目的答案是「$\frac{1}{3}x^3$」。

但是，正確答案不只有這個而已。誠如在微分原則中的解說（見第 72 頁）一樣，常數項只要微分後就會消失。也就是說，在尋找「微分後會變成 x^2」的東西時，除了 $\frac{1}{3}x^3$ 以外，

$$\frac{1}{3}x^3 + 2 \text{，} \frac{1}{3}x^3 - 10 \text{，} \frac{1}{3}x^3 + 771$$

這三個的常數項在微分後都會變成 0，因此，都可以是這個積分的答案。

因此，當題目只有說「請積分」時，將會存在 2 個以上的解答。或者說，由於什麼樣的常數項都可以，所以會存在著無限個解答。

因此，便將所有的狀況集合起來作為解答，並寫作：

$$\int x^2 dx = \frac{1}{3}x^3 + C \text{（} C \text{ 為積分常數）}$$

也就是將可以作為常數項的所有數都以 C 這個字母來代表。

只要這樣寫，就可以表達「已經將微分後會消失的所有常數項都納入考慮了」的意思。

45　為什麼是 C？

　　關於剛才出現的積分常數為什麼要使用字母 C，這是取自「constant」（在英文中表示常數之意）的第一個字母C。其實，不用C，用A或B也行。不過，我們還是使用「（○為積分常數）」這種正確的寫法吧。有些人或有些書偶爾會將這個省略。就像在小說中，有一位叫作「小馨」的人物登場，你一直以為這個角色是女生，等到讀了一段後，才發現他其實是個男生。各位是不是也有這樣的經驗呢。不過，因為是小說，那還無所謂，但數學就不行了。即使「C」長得就是一副積分常數的臉，但在未經過說明時，還是不可以突然就讓一個新的文字登場。一定還是要提出「＋C（C為積分常數）」。

　　順帶一提，將積分常數也納入考慮的積分計算就稱為：

不定積分

　　例題：請求出 $\int 2x\,dx$ 的不定積分
　　解答：$x^2 + C$（C 為積分常數）

　　再說一次，「（C為積分常數）」並不是在為讀者說明。請直接在答案紙上寫「（C為積分常數）」。如果少了這個，C 就會變成沒有說明就突然出場的文字。另外，使用C以外的文字也是可以的，例如，就算寫成「$x^2 + D$（D為積分常數）」也是正確答案。雖然使用C只是一種慣例，但盡量遵守會使溝通更順利，這也是不爭的事實。

突然跑出個「常數」，這到底是什麼呢？

好多新的詞彙，真的好難懂。

「定」是固定的「定」。

也就是不會改變的意思。

曲線只有在思考會改變的東西（即「變數」）時才有意義。

不會改變的東西永遠都不會改變，就算想也沒有用。

SAVE OUR EARTH

人口

雖然人口數量會隨著時間增減。

時間

100年前　10年前　10年後　100年後

地球的數量

地球的數量在往後幾百年都不會改變，就算想也沒有意義。

時間

10年前　10年後　100年

因此，就將數量不會改變的東西稱為「常數」，並設為 C。

C是 Constant 的 C

不論 C 是 1、百、2、1、億都沒關係。

總之，就是不會改變的數。

哇～

46　原始函數

這裡再介紹另一個新的詞彙。

$\int f(x)dx$ 的計算只要找出微分後為 $f(x)$ 的函數，就完成了。而所謂的計算 $\int f(x)\,dx$，就叫作「不定積分」。

以微分 $f(x)$ 後所得到的 $f'(x)$ 或 $\dfrac{df(x)}{dx}$ 表記的函數就稱為導函數。而這裡要為大家介紹的是，將 $f(x)$ 不定積分後所得到的函數的表記方式及該函數的名稱。

將 $f(x)$ 不定積分後所得到的函數叫作

原始函數

原始函數的表記當然也可以使用 $\int f(x)\,dx$，但就像前面不斷說明的，有時候也會將 $f(x)$ 的 f 改成大寫，而寫成 $F(x)$。

「請求出微分後為 $f(x)$ 的函數」、「請求出 $f(x)$ 的不定積分」和「請求出 $f(x)$ 的原始函數」的意思都是一樣的。為了熟悉專有名詞，今後也請各位多多使用「原始函數」吧。

原始函數是不定積分，因此，會將積分常數包含在裡面。但是，當寫成 $F(x)$ 時，有可能是表示「所有的原始函數」，也有可能是表示「原始函數中某一個特定函數」，總之，

大多寫得很不清楚

這一點也是事實。因此，請從文章脈絡去判斷。

$f'(x)$

$\dfrac{d}{dx} f(x)$

$\lim\limits_{h \to 0} \dfrac{f(x+h) - f(x)}{h}$

導函數

微分 ← 單純的 函數 → 積分

$F(x)$

$\int f(x)dx$

原始函數

是一樣的。

還有其他名稱。

例如，如果 $y = f(x) = x$，

原始函數就是 $F(x) = \dfrac{1}{2}x^2 + C$。

後面 有 C。

但是，也經常寫得很不清楚，只簡單地寫成

$F(x) = \dfrac{1}{2}x^2$

後面沒有 C。

47　真的是逆運算嗎？

　　所謂的逆運算，就是像加法與減法、乘法與除法之間的關係一樣。如果將某個數加上 2 後，再減掉 2，就會回到原來的數字；如果將某個數乘以 2 後，再除以 2，也會回到原來的數字。

　　但是，微分和積分雖然是逆運算，經過微分後的東西就算再進行積分，也不會回到原來的樣子。因為在微分中，當常數項消失，並對其積分（不定積分）後，就會在後面跟著

一種叫作積分常數的可疑文字

　　因微分而消失的常數項本身也無法再取得。

　　各位是不是在想，這樣就不能稱為「逆」了嘛。

　　那麼，逆運算這個用語的定義到底是什麼呢？說到這個，就有點複雜了，因此，這裡先暫時不談。

　　總之，因為是逆運算，就以為「會完全回復到原來的樣子」，這是錯誤的。而為了讓大家瞭解這一點，我們就稍微深入一點，來看原本預備晚一點才談的「積分的意義」吧。

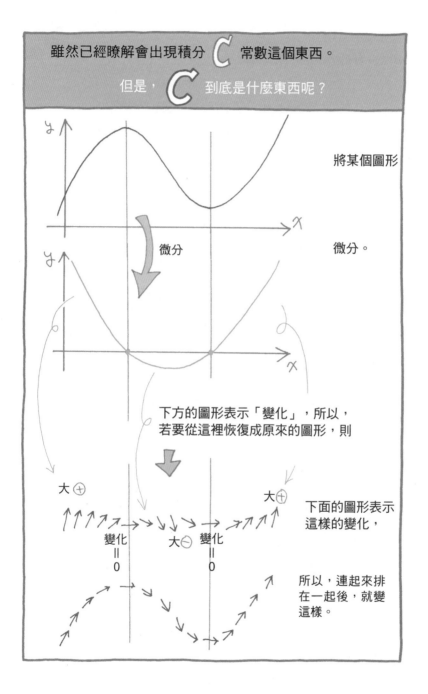

48　積分為變化的總和

　　如果微分是變化，積分就代表所有變化的總和。

　　如果求某一個函數的微分，結果就會出現該函數的變化程度。所謂變化，如果以汽車為例，就是踩油門或煞車的程度、轉動方向盤的幅度。

　　假設汽車上有一種裝置會記錄所有踩油門或煞車的程度與轉動方向盤的時間點，那麼，當某一個人留下駕駛紀錄後，又有另外一個人照紀錄駕駛的話，一定會抵達相同的地點嗎？如果是從

同一個起始位置與相同的起始方向

開車，就會到達相同的位置吧。但是，只要有其中一項不同，就不會到達相同的地點。

　　這麼說應該瞭解了吧。

　　沒錯，如果要用積分，從已經微分的函數求出原來的函數時，必須要有

起點的資訊

　　如果將「起始位置與起始方向」統稱為「初期條件」，那麼，

已經微分的函數＋初期條件⇔原來的函數

但是，只知道變化，

而不知道起點在
哪裡時，

這裡！

就不會完全回到
原來的圖形。

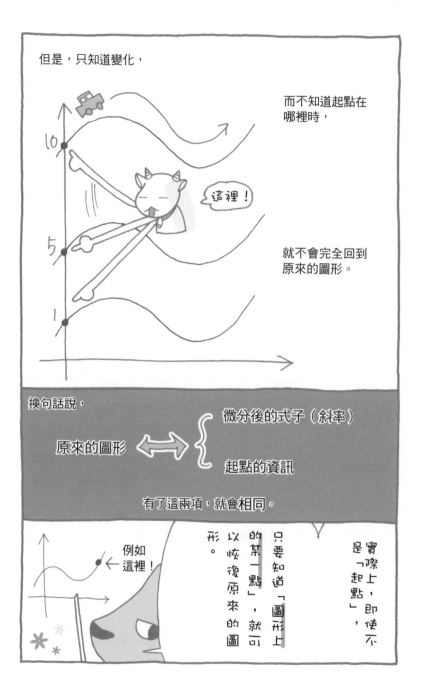

換句話說，

原來的圖形 ⟷ { 微分後的式子（斜率）

起點的資訊

有了這兩項，就會相同。

例如
這裡！

只要知道「圖形上的某一點」，就可以恢復原來的圖形。

實際上，即使不是「起點」，

49　從不定積分到定積分

關於上一節提到的初期條件，嚴格來說，初期條件不需要一定是「起點位置」。即使不是起點位置，只要有其中一個點的資訊就足夠了。舉例來說，即使是知道「終點位置」，只要從那裡倒回去算，就可以重現原來的路徑。如此一來，應該就不能用「初期」這個詞彙，但事實上，就是把這種狀況也包含在裡面，統稱為「初期條件」。

話說回來，除了高中的考試之外，基本上就不會遇到「請求出不定積分」的要求。這是因為出現 C 的積分是沒有用處的。我們想知道的終究還是

原來的函數

因此，就計算來說，即使暫時設為 C，最終還是要將具體的數值代入 C，並以此結束，或者將那個 C 順利消除。

以前者來說，只要知道原來的函數通過哪一個點，就會知道 C 是什麼。舉例來說，遇到「請求出導函數為 $y = 2x$ 的原始函數。但是，原來的函數圖形會通過點（1, 1）」這種問題時，$2x$ 的不定積分為 $x^2 + C$，而這會通過點（1, 1），因此，可以知道 $C = 0$。這完全就是有被賦予初期條件的例子。

而後者正是接下來我們要為大家介紹的「定積分」。

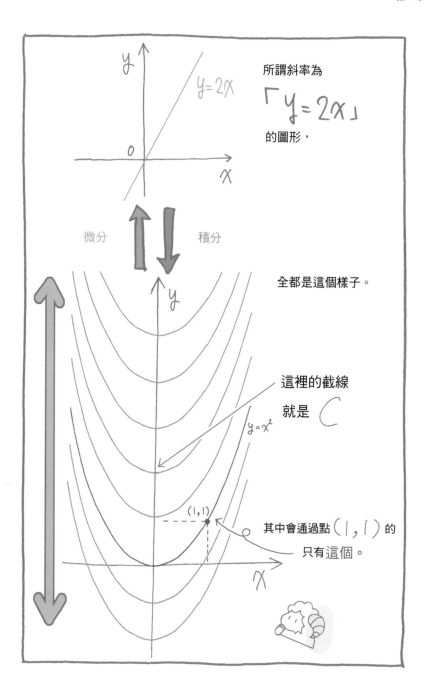

所謂斜率為

「$y=2x$」

的圖形，

全都是這個樣子。

這裡的截線

就是 C

其中會通過點 $(1,1)$ 的

只有這個。

50　限定範圍的積分

所謂的定積分，就是有限定範圍的積分，其表示法為：

$$\text{不定積分：} \int f(x)\,dx$$

$$\text{定積分：} \int_{a}^{b} f(x)\,dx$$

請將兩個式子作比較。積分符號的上下都有文字，即表示「從哪裡到哪裡」的範圍，因此就叫作

定積分

這是新的規則。「從哪裡」寫在下面，「到哪裡」寫在上面。換句話說，上列的式子代表從 a 到 b 的範圍。

不定積分和定積分似乎很類似，但其實有相當大的差距。首先，不定積分就像前面看到的一樣，是要求出「如果微分的話，會成為 $f(x)$ 的函數是什麼？」如果將原來的函數寫成 $F(x)$，$F(x)$ 就會變成像「……+C（C為積分常數）」這樣的東西。

定積分和不定積分相比，會多出一項計算。也就是：

$$\left[F(x)\right]_{a}^{b}$$

又出現一種新的寫法了。這樣的寫法表示[$F(b)-F(a)$]的意思。由於將兩種引數放入相同的函數裡，並進行減法運算的需求相當多，因此，便創造出這樣的符號。舉例來說，假設有一個函

可是，即使有這種常數，還是不能在實戰中使用。

雖說1或100都可以，但實際上，是1或是100，可是一個大問題。

那麼，應該怎麼使用呢？

將這再往前進一步的東西就是定積分。

到這裡為止，就是所謂的「微分的相反」就是積分。

在這種規則式的遊戲中玩，弄不過就是在玩子而已。

實戰現在才要開始呢！

接下來，就要來看剛才一直保留的文字意義了。

這個超大的 S 是什麼？

其實這是乘法!?

$$\int f(x)\,dx$$

可以在這裡限定範圍嗎？

數 $k(x)$ 表示當天的股價,那麼 $[k(x)]_{昨日}^{今日}$ 就代表 $[k(今日)-k(昨日)]$ 的意思。更具體地說,$[3x]_2^7$ 就是 $[3\times7-3\times2]$ 的意思。

根據這個原則,如果 $f(x)$ 的不定積分是 $F(x)$ 的話,定積分就可以用

$$\int_a^b f(x)\,dx = \Big[F(x)\Big]_a^b$$

來表示。將 a 和 b 帶入,然後進行減法運算。在這裡,如果 $F(x)=3x+711$ 的話,會怎麼樣呢?

$$\Big[F(x)\Big]_a^b = (3b+771)-(3a+771)=3b-3a$$

就會變成這樣。看到這個,就會想到:

①不論 $F(x)$ 的常數項是什麼,都會消失。

②定積分的結果不是「函數」,而是「常數」。

首先,針對①的部分,這真是令人非常

開心

因為,雖然設定 $F(x)$ 是 $f(x)$ 的不定積分,但不定積分一定會伴隨著「積分常數」。但是,不論定積分的常數為何,都會因為減法運算而消失。因此,定積分甚至可以不管積分常數這個麻煩的東西。

接著來看②的部分。在 x 的函數 $f(x)$ 中,$f(a)$ 表示將 a 帶入 $f(x)$ 中所得到的結果。$f(a)$ 的所有 a 都等於 $f(x)$ 中的 x。換句話說,這就是「常數」。而在定積分中,一般會得到的結果就是「常數」。

將 $f(x)$ 微分後的式子，

大寫的 F

經常以 $\displaystyle\int f(x)\,dx = F(x)$ 來表示。

這也是「規則」之一。

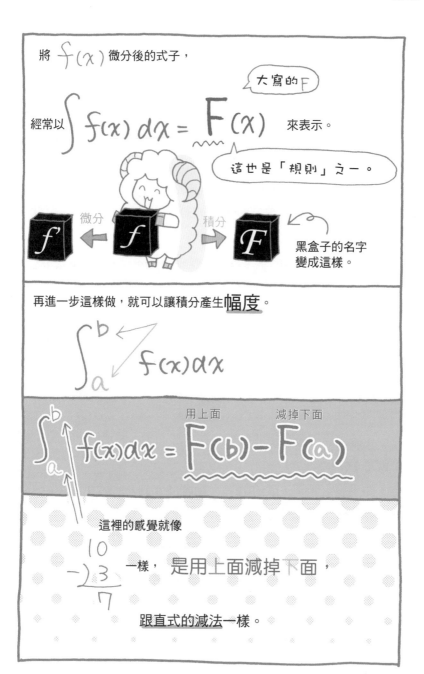

微分　　　積分

黑盒子的名字
變成這樣。

再進一步這樣做，就可以讓積分產生**幅度**。

$$\int_a^b f(x)\,dx$$

用上面　　　減掉下面

$$\int_a^b f(x)\,dx = F(b) - F(a)$$

這裡的感覺就像

$$\begin{array}{r} 10 \\ -)\ 3 \\ \hline 7 \end{array}$$

一樣，是用上面減掉下面，

跟直式的減法一樣。

51　不定積分、定積分與面積

$\int f(x)\,dx$ 雖然也可以說是「用 $\int$ 和 dx 將 $f(x)$ 夾起來的樣子」，但事實上應該是對 $f(x) \times dx$ 進行 $\int$，也就是 $\int (f(x) \times dx)$，這點之前已經說明過了（見第 115 頁）。

$\int$ 這個符號是從英語中表示總和之意的「summation」的首字母 S 而來。這裡的意思是要求出 $f(x) \times dx$ 的總和。那麼，$f(x) \times dx$ 是什麼東西呢？

$f(x)$ 以圖形來說的話，就是「某個 x 的 y 座標」。dx 在微分的部分也稍微說明過了，其代表的意思是「沿著 x 軸的微小幅度」。

前面曾寫過，積分是為了求面積而發明的，相信大家還記得吧。沒錯，$f(x) \times dx$ 就是

面積

正確來說，是寬度非常短的長方形面積。將所有面積總和起來就是 $\int (f(x) \times dx)$。

如果設定範圍，讓函數的 x 範圍從 a 到 b，就會變成是函數 $f(x)$ 與 x 軸之間的面積。

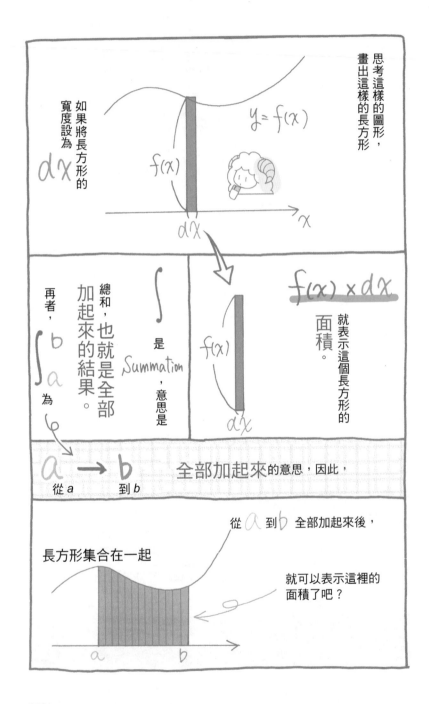

思考這樣的圖形，畫出這樣的長方形，

如果將長方形的寬度設為

dx

$y = f(x)$

$f(x)$

x

dx

$f(x) \times dx$

就表示這個長方形的面積。

$f(x)$

dx

再者，$\int_a^b$ 為

總和，也就是全部加起來的結果。

$\int$ 是 Summation，意思是

$a \longrightarrow b$

從 a 到 b

全部加起來的意思，因此，

從 a 到 b 全部加起來後，

長方形集合在一起

就可以表示這裡的面積了吧？

a b

138

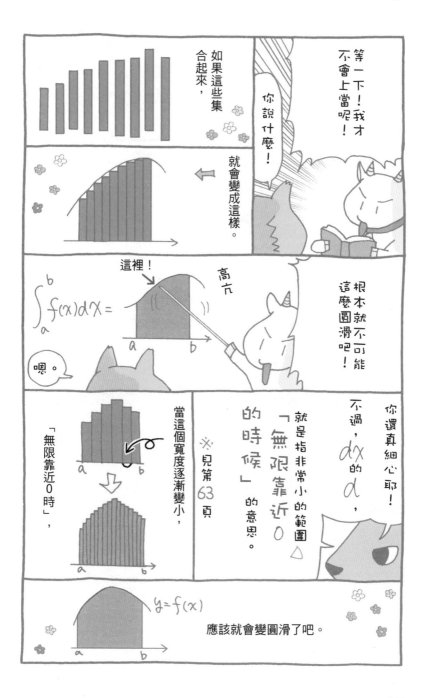

在前面的說明中，各位應該會產生以下這個疑問吧。

什麼？明明是不規則的圖形，
怎麼會用長方形去求面積的總和呢？

沒錯，$f(x) \times dx$ 就是長方形的面積，也就是角度為直角的圖形。但是，我們所討論的圖形是圓滑的曲線耶，感覺很奇怪吧。因此，這裡就會出現

極限的觀念

如果只說結論的話，會覺得有些狡猾，但總而言之，

只要想成是寬度極小的長方形
這些長方形的集合就會成為圓滑的圖形

或許你會想「這樣想沒問題嗎？」但是，

微積分學因為極限的概念，而有了很大的進步

這原是數學的歷史（這樣的觀念真的可以使用，這場論戰在真正解決之前，似乎花了很長的時間）。但是，舊話重談，現代的我們不需要再次去經歷過去先人的所有歷史。只要從中吸取有用的觀念，

那樣就夠了

就搶來使用吧。

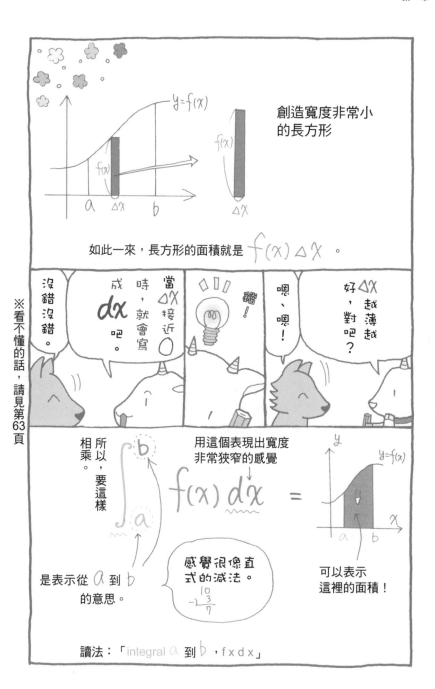

52　dx的寬度

dx 整體被視為一個文字「dx」，它在微分的部分也出現過，
是代表

x 軸方向的微小寬度

因為很重要，所以書裡會不斷地提到，不過，這裡的 d 是表
示「微小」之意的符號；或者，就請這麼想吧，就像 $-x$ 的「$-$」
或 $\sqrt{x}$ 的「$\sqrt{\ }$」一樣。但比較容易混淆的是，d 只是單純的「d」，
和普通的 d 沒有區別（有些書會寫成斜體，本書也是）。不論是
a、b、c，設定時沒注意的話，連 d 也會以一般文字的意思出現，
這時候，當成符號使用的 d 就會造成相當的誤解。雖然習慣後，
就不會誤解，但初學者還是很容易感到混亂。

另外，「x 軸方向的、x 位置的微小寬度」也經常會用 Δx 來
表現。就意思來說，兩種都可以；但如果要問「那麼，有什麼不
一樣嗎？」其實還是有它的規則。

dx 會和符號 $\int$ 一起使用
Δx 不會和符號 $\int$ 一起使用

在思考 Δx 的總和時，如果要用的話，就要使用 Σ 這個符號。
在希臘文字中，這相當於 S，總之，意思和 $\int$ 是一樣的。

Δx 和 dx 的最大差異在於是否有放入極限操作，但大致上還是
可以看成相同的東西。

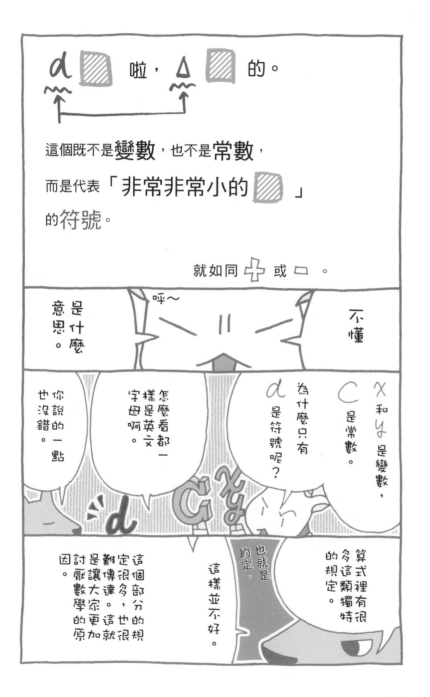

53　分割後求面積

這裡先談一下一般的概念。

求面積時，為什麼要特地先細分成 $f(x) \times dx$，然後再全部加起來呢？如果是長方形、圓形或三角形，連小學生也會用耳熟能詳的「公式」求出面積吧。

前面曾經提到，測量面積從久遠時代開始就是一件很重要的事。但實際上要求面積時，卻很少是很單純的形狀。舉例來說，日本琵琶湖的面積怎麼求呢？

這時候，有一個想法就是使用方格網法。將透明、網眼非常細的方格紙和要測量的圖形重疊在一起，接著只要數和圖形重疊的方格數量，就可以求出面積。

「不完整的方格要數嗎？還是不數？」

關於這個，我們可以自訂規則，例如：「不完整的方格另外數，滿幾個之後，就當成一個方格」。

如果想要求出完全正確的面積，只要把方格逐漸縮小就可以了。當方格越小，不完整的方格就會越少。到最後（極限），應該就沒有不完整的方格了。不過，當方格越小，計算時就會越辛苦，總之，這裡需要的就是

努力和毅力

況且，現代人還有電腦這個強大的夥伴呢。

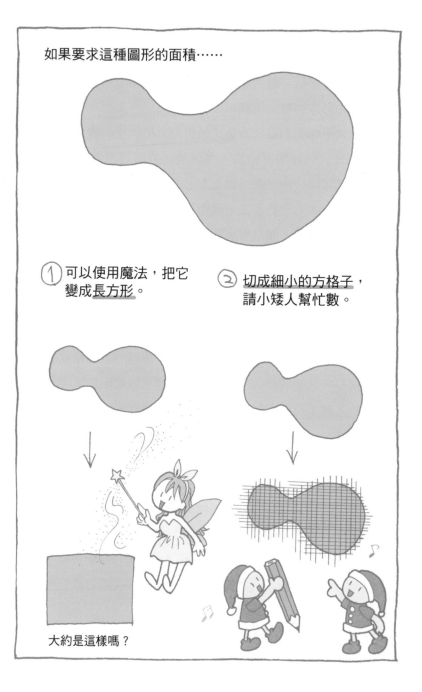

如果要求這種圖形的面積……

① 可以使用魔法，把它變成長方形。

② 切成細小的方格子，請小矮人幫忙數。

大約是這樣嗎？

另外一種想法叫作「窮盡法」（method of exhaustion），這個方法是將已經知道的面積逐漸去除來求出面積。就概念來說，和方格網法很類似。雖然還是會有不完整的部分，但那可以利用細長的長方形或圓形去填滿。

積分式子中的 $f(x) \times dx$ 是比較接近方格網法的觀念。方格網法的概念是，只要用方格紙，也就是正方形逐漸縮小邊緣的長度，最終就可以……。在這個正方形的兩邊，會有一邊和鄰接的正方形連接，如此連結下去。換句話說，不是將原來的圖形轉換成正方形的集合體，而是變成細長的長方形的集合體。不是小方格，而是長條狀。而被切成長條狀的長方形的長為 $f(x)$，微小的寬就是 dx。

順帶一提，剛才談的是對單一方向（一次元）進行長條狀切割，高中範圍的積分只教到這個一次元的切斷就結束了。而當狀況越複雜時，次元就會增加。舉例來說，球體的表面積就屬於二次元的積分。球體的表面積其實是無法輕易地畫出展開圖的（製作地圖的人為了將原本為球體的地球變成平面的地圖，用了「麥卡托投影法」（Mercator projection）或其他圖法來繪製，非常辛苦）。而可以畫成簡單易懂的展開圖的東西，就用一次元的積分去做。

二次元的積分被稱為「二重積分」（double integral），大學課程（第一個學年或第二個學年左右）才會接觸到。接著，還有三重積分（triple integral）等等。不過，只要有智慧和勇氣，一次元的積分就相當夠用了。本書也只會介紹到一次元的積分而已。

毫無縫隙地填滿

定積分的定義可以用下列的式子來表示。

$$\int_a^b f(x)dx = \Big[F(x)\Big]_a^b = F(b) - F(a)$$

在這裡，$F(x)$ 是原始函數。原始函數是「微分後，會變成 $f(x)$ 的函數」，也就是被視為微分的逆運算。

沒錯，就和原先預定的一樣，我們已經從

積分是微分的逆運算

這條知識道路走到現在了。

接下來，先來談一下，不靠「微分的逆運算」來求面積的方法。在牛頓及萊布尼茲的時代之前，有很長一段時間，獨霸天下的面積求法是：

分部求積法

沒錯，就是前面寫到「非常麻煩」的那個。啊，喂喂，不要逃跑⋯⋯

前面提過好幾次了，當初會發明積分，就是基於「想要求面積」的需求。需求為發明之母。

當然，如果是三角形或圓形這些已經知道面積公式的圖形，就不必特地拿出積分來。只有無法輕易求出的圖形才需要使用。

前面曾介紹過 2 種用來求出無法輕易求出面積的圖形的方法，那就是「方格網法」和「窮盡法」。不過，前面只談到「不論用

哪一種方法，細微的部分比較無法精確求出」就結束了。舉例來說，對於方格網法中，不完整格子的處理方式是：「那就訂個適當的規則吧！」（回過頭看，會覺得很過分吧）；而在窮盡法中，無法完整切割的細微部分就無情地說：「那就靠你的努力和毅力，使用更細小的圖形吧」。

當然，前面之所以會以這樣不清不楚的說明作結束，那是我

故意的！

接下來，將仔細地（？）談如何求面積。

不過，雖然不清不楚，但要大家「求出大概的面積」這件事情本身，就不是在使壞了。在數學上，把掌握大致的大小這件事稱為

估算

雖然這不是數學專用的用語，但如果有遇到求面積的題目，「面積本來就大於零」這種想法也屬於一種估算。估算能力可以稱得上是避免犯錯的重要能力。

將「**面積**」
表示出來！

55　把要求的面積夾進去

在上一頁中，曾要大家「估算出大概的面積！」舉例來說，假設有一個「◯」圖形。如果要「超粗略」地估算這個圖形的面積，就可以畫一個能將這個圖形完全放入的長方形「▭」，然後回答「大致上，比這個長方形小」。相反地，如果是畫一個可以完全放進這個圖形裡面的長方形「◯」，就也可以回答「大致上，比這個長方形大」。而如果利用這兩個長方形的面積，就能以一定的範圍，即

小長方形的面積<◯<大長方形的面積

來表示圖形的面積。

但是，用一個大長方形將想求的圖形面積圍起來，這樣還是太粗略了，因此，為了更接近原始的圖形，便決定像右頁的圖一樣，用數個長條狀的長方形圍起來。如果用盡量接近原始圖形的數個長方形圍起來的話，剛才有＜符號的式子就會變成：

小長方形的面積總和<◯<大長方形的面積總和

大小長方形的面積總和會隨著長方形的寬度縮小，而越接近想要求的圖形面積，因此，想要求的面積的寬度也會越來越小。這種方法就叫作

試位法（method of false position）

這是種從左右側朝目標不斷縮短距離、逐漸靠近的方法。

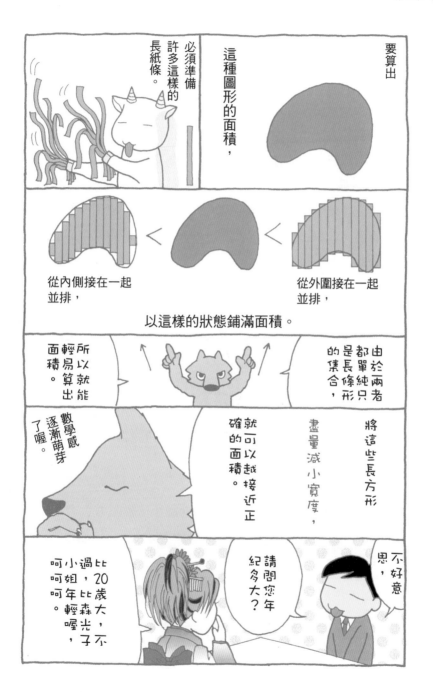

要算出

這種圖形的面積，

必須準備許多這樣的長紙條。

從內側接在一起並排，＜＜從外圍接在一起並排，

以這樣的狀態鋪滿面積。

由於兩者都是單純只是長條形的集合，

將這些長方形盡量減小寬度，

就可以越接近正確的面積。

所以就能輕易算出面積。

數學感逐漸萌芽了喔。

不好意思，請問您年紀多大？

過20歲，不比小姐，比森光子大呵呵呵，年輕喔，

56　分部求積法（一）

　　藉由試位法，就可以在一定的範圍內求出面積。但是，在過去所想到的方法中，還有兩個不完善的地方，那就是，

　　① 可以要求別人在有範圍的狀況下求出面積嗎？

　　② 各個長方形的面積要怎麼求呢？

　　首先，先來思考第一個問題吧。面積確實不能用一個限定範圍來表示。如果這樣也可以的話，那麼小學生或中學生只要在考試的時候，寫「答案在 2 到 5 之間」，就算正確答案了，這樣大家就會很輕鬆。但是，這樣的情況是不行的，所以，還是要努力求出一個面積的值！

　　利用試位法就能以範圍來表示面積，但如果該範圍是 $1\,cm^2 <$ 面積 $< 100\,cm^2$，大家一定會心想，

「別鬧了！」

　　但是，如果是 $1\,cm^2 <$ 面積 $< 3\,cm^2$，可能大家就會想，

「這也是沒辦法的事。」

　　換句話說，只要夾住面積的範圍越小，說服力也會相對提升。因此，就產生「既然這樣，就不斷地接近所夾住面積的數值吧」的想法了。

好像在哪裡聽過這句話

沒錯，只要利用盡可能接近的極限概念就可以了。這在極限的部分已經說明過了，夾住面積的兩個數值只要相互接近到極限，最終就會

和面積一致

如此一來，應該就可以解決第一個問題，也就是將有範圍的數值視為一個數值來求面積的問題了。總之，只要利用極限的概念，讓小長方形的面積總和與大長方形的面積總和無限接近就可以了。

接著是第二個問題。為了讓面積容易計算而用長方形夾住，這一點和前述一樣。藉由全部化成長方形，確實可以利用長×寬的方式，比較輕易地算出各個長方形的面積。話雖如此，由於每個長方形的長與寬都必須分別計算出來，所以又得費一番功夫了。

如果是要用很多個長方形圍起來，就可以暫且將各個長方形的寬度設定為相同。如此一來，只要找 1 個長方形求出寬度就可以了，計算應該也會輕鬆許多。接下來，只要求出長度就可以了。關於第二項問題，目前先談到這裡。

我們先來歸納到目前為止所學的新知識。如果要利用試位法求面積，重點似乎就在於

利用極限與求出長度的方法。

57　分部求積法（二）

　　上一頁寫到要利用極限的概念，但是，雖說要利用極限的概念，但要如何利用，却也是個問題。到目前為止，都特地針對不規則的圖形來思考，現在為了方便思考，決定先使用教科書中經常會看見的圖形，請見右頁。

　　將要求的圖形像右頁一樣，用 n 個長方形鋪滿。若要使用試位法，必須思考可以將要求的圖形完全涵蓋進去的大長方形，以及可以完全放進所要求的圖形內的小長方形。因此，大長方形與小長方形的高度必須分別配合圖形的高度。如此一來，就可以發現，大長方形與小長方形的大小差異就相當於紫色部分的大小。而當試著縮短長方形的寬度後，應該就會發現，和縮短前的長方形相比，面積差距縮小了。

　　換句話說，當長方形的寬度越長，2 個長方形的面積差距就會越大，相反地，只要長方形的寬度越狹窄，差距就會減少。由此可知，10 個長方形、比 10 個多的 100 個長方形、比 100 個多的⋯⋯。

只要盡可能使用寬度越小的長方形鋪滿

　　兩個長方形的面積差就會達到最小的程度，而這裡也是利用極限的概念。

　　接著要來思考長度的求法。如前所述，將大長方形的長度設為圖形比較高的那一邊，而小長方形的長度則為比較低的那一邊。然後，再將剛才各個長方形的寬度盡可能縮短。將長方形的寬度縮短後，長方形的高度會有什麼變化呢？將寬度縮得越短，

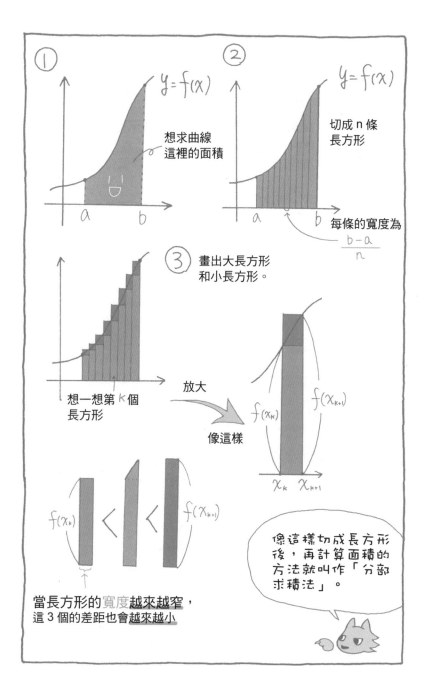

① $y=f(x)$

想求曲線
這裡的面積

a　　b

② $y=f(x)$

切成 n 條
長方形

a　　　　b　每條的寬度為

$$\frac{b-a}{n}$$

③ 畫出大長方形
和小長方形。

想一想第 k 個
長方形

放大

像這樣

$f(x_k)$　　$f(x_{k+1})$

x_k　x_{k+1}

$f(x_k)$ < | < | < $f(x_{k+1})$

當長方形的寬度越來越窄，
這 3 個的差距也會越來越小

像這樣切成長方形
後，再計算面積的
方法就叫作「分部
求積法」。

長方形就會變得越長。然後，當寬度縮到極限時，長方形就會變得和線段（line segment）一樣了。在極限的概念中，將寬度縮小到極限＝0，因此，

最後就是把長方形當成線段來看

而如果長方形可以當成線段，各個長方形就會產生

長度和 *f(x)* 的數值一致

的結果。由於 $f(x)$ 的數值是可以計算的，因此也可以求出高度。

為了縮小寬度到極限，而將 n 個長方形鋪滿要求的圖形，然後再根據 $n \to \infty$ 的條件，結果就會出現

$$\lim_{n \to \infty} 長方形1 + 長方形2 + \cdots + 長方形n$$
$$= \lim_{n \to \infty} (縱1 \times 橫1) + (縱2 \times 橫2) + \cdots + (縱n \times 橫n)$$

由於各別的寬度是相等的，因此，

$$= \lim_{n \to \infty} 橫 \times (縱1 + 縱2 + \cdots + 縱n)$$

再者，高度的長與線段的長，也就是與各 $f(x)$ 的數值相等，因此，可以歸納為下面的式子（Σ是表示總和的符號，將於後面說明）。

$$= \lim_{n \to \infty} 橫 \times \sum f(n)$$

（續）

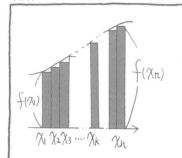

分割成 n 個的長方形後
從左起各設為
$$x_1, x_2, x_3 \cdots x_k, \cdots, x_n$$

試著想想第 k 個長方形，

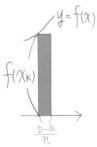

其面積為 $\dfrac{b-a}{n} \times f(x_k)$，

然後把其餘……的部分也全部加起來，

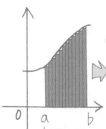 這個

$$= \dfrac{b-a}{n} f(x_1) + \dfrac{b-a}{n} f(x_2) + \cdots + \dfrac{b-a}{n} f(x_n)$$

$$= \dfrac{b-a}{n} \times \{ f(x_1) + f(x_2) + f(x_3) + \cdots + f(x_n) \}$$

從 $f_{(1)}$ 到 $f_{(n)}$ 的總和。

壓扁

就會無限接近
這個面積，因
此……

分割成 n 個長方形後

嘿呦嘿呦

就會變成
這樣。

$$= \lim_{n \to \infty} \dfrac{b-a}{n} \{ f(x_1) + f(x_2) + \cdots + f(x_k) + \cdots + f(x_n) \}$$
……☆

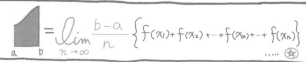

 待續

58 分部求積法（三）

前面都盡量不使用式子做說明。分部求積法是一種腳踏實地求複雜圖形的面積的方法。因此，為了加強各位的理解，這次將使用式子來說明。不過，我要先聲明，為了說明方便，會將要求面積的圖形設定為單調增加（隨著往右邊延伸，一定會逐漸伸高）的圖形。當然，就算不是單調增加的圖形，也可以使用分部求積法。這樣的設定完全只是為了本書的說明而已。

首先，為了能夠完全填滿圖形，要畫數個長方形（圖1）。接著，在和圖1的長方形相同寬度的條件下，畫數個可以完全包含圖形的長方形（圖2）。由於這個圖形的面積總和會比圖1的長方形面積總和大，並且比圖2的長方形面積總和小，因此，

圖1的長方形總和 S_1 ＜要求的面積 S ＜圖2的長方形總和 S_2

這時候，S_1和S_2的差就是圖3中紫色的部分。而這裡的重點有二：

① 不論如何縮短長方形的寬度，大小關係還是一樣。

② 將寬度縮得越短，「圖1的長方形面積總和」和「圖2的長方形面積總和」就會越接近。

如果在②的部分，「將寬度縮短到極限時，最左邊和最右邊的極限值會相等」，「要求的面積」當然也會和這個極限值一致，這就稱為「試位法的原理」。想要表現出「將寬度縮短到極限」，只要使用「lim」就可以了。將最左邊和最右邊改成使用lim的式子，並想成「用n個長方形將所要求面積的圖形圍起來」。

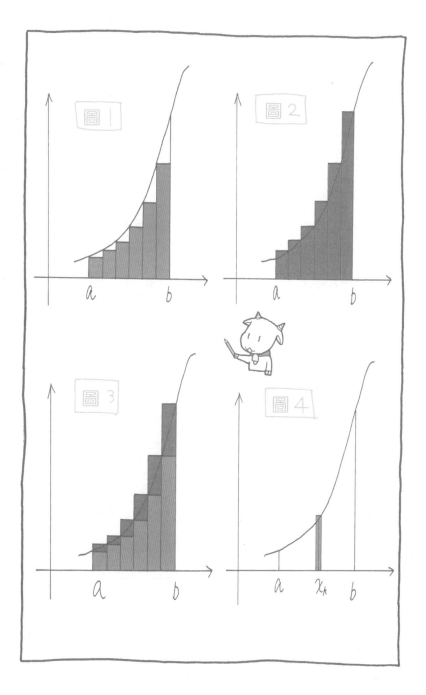

如此一來，「想要將長方形的寬度縮短到極限，就必須盡量增加 n 的數量，所以使用 lim，將 n 視為$n \to \infty$的極限就可以求出」。

思考像圖4一樣，從左邊算起第 k 個長方形的面積。長方形的寬度就是將整體寬度 $b - a$ 分成 n 等分後的 $\frac{b-a}{n}$。這個寬度也可以用來求 x_k 的座標。高度比較小的長方形是 $f(x_k)$，比較大的長方形是 $f(x_{k+1})$，因此，分別會變成 $f(a + k \times \frac{b-a}{n})$，而大的會變成 $f(a + (k+1) \times \frac{b-a}{n})$。

針對最左邊的部分，第 k 個長方形的面積可以用「寬×高」求出，因此，n 個長方形的面積總和就是：

$$\frac{b-a}{n} \times f(x_0) + \frac{b-a}{n} \times f(x_1) + \cdots + \frac{b-a}{n} \times f(x_{n-1})$$

$$= \frac{b-a}{n} \times \{f(x_0) + f(x_1) + \cdots + f(x_{n-1})\}$$

至於最右邊，也是以同樣的想法，會變成：

$$\frac{b-a}{n} \times \{f(x_1) + f(x_2) + \cdots + f(x_n)\}$$

Σ上下的小字移動一位。換句話說，就是：

$$S_1 = \lim_{n \to \infty} \frac{b-a}{n} \sum_{k=0}^{n-1} f(x_k) \ , \ S_2 = \lim_{n \to \infty} \frac{b-a}{n} \sum_{k=1}^{n} f(x_k)$$

計算後的結果一般都是 $S_1 = S_2$，因此，就可以求出面積 S。

這裡出現了一個新符號。

將 Ｓummation = 總和的 Ｓ 用希臘符號表示。

sigma

就是像加法的「加」一樣的東西。

$$\sum_{\bigcirc = a}^{b} f(\bigcirc) = f(a) + f(a+1) + \cdots + f(b)$$

將從 a 到 b 的所有數值都放進 ⬤，
然後將合計出的數值全部加總起來。

使用範例：$\sum_{x=1}^{10} x^2 = 1^2 + 2^2 + 3^2 + 4^2 + \cdots + 9^2 + 10^2 = 385$

如此一來，上上頁的式子 ☆ 為

$$\begin{aligned} \blacksquare &= \lim_{n \to \infty} \frac{b-a}{n} \{ f(x_1) + f(x_2) + \cdots + f(x_n) \} \\ &= \lim_{n \to \infty} \frac{b-a}{n} \sum_{k=1}^{n} f(x_k) \end{aligned}$$

就可以這樣表示。

這就是用「分部求積法」求面積的式子。

電腦會根據這個式子開始計算面積。

59　分部求積法實際演算

之前我曾提到過，「不知道能不能計算這個想法」。話雖如此，如果全部都無法計算的話，基本上就不須繼續思考這個問題。因此，這裡將針對可計算者，實際動手用分部求積法來做做看。

例題：在 *f(x)*＝ *x*² 中，從 *x*＝ **0 至 *x*＝ **1** 為止，**
算出由 *f(x)* 與 *x* 軸所圍起來的面積。

將 $x = 0$ 至 $x = 1$ 分成 n 等分，如此一來，長方形的寬就會變成 $\frac{1}{n}$。接下來，只要設計一個公式，將每一個長方形的面積全部加總起來，並使用上一頁 S_1 的公式，

$$S = \lim_{n \to \infty} \frac{1}{n} \sum_{k=0}^{n-1} \left(\frac{k}{n}\right)^2 \left(\frac{1}{n}\right) = \frac{1}{n^3} \lim_{n \to \infty} \sum_{k=0}^{n-1} k^2$$

$$= \lim_{n \to \infty} \frac{1}{n^3} \left(\frac{(n-1)n(2n-1)}{6}\right) = \lim_{n \to \infty} \frac{1}{6} \frac{(n-1)}{n} \frac{n}{n} \frac{(2n-1)}{n}$$

$$= \lim_{n \to \infty} \frac{1}{6} \left(1 - \frac{1}{n}\right) 1 \left(2 - \frac{1}{n}\right) = \frac{1}{3}$$

就會得到 $\frac{1}{3}$ 這個答案。

順帶一提，這裡也用到 $\sum_{k=0}^{n-1} k^2 = \frac{(n-1)n(2n-1)}{6}$ 這個「數列的和」的公式。

或許你會生氣地說，「我根本不知道那種公式！」但請原諒，因為這次的重點並不在於這個公式的詳細解說，而是在於式子中分母的 n^3 最後如何變成 $(1 - \frac{1}{n})1(2 - \frac{1}{n})$。

這是以我們在求出 $n \to \infty$ 的極限時一定會用的方法，也就是以

「在$n \to \infty$時讓$\frac{1}{n}$趨近於 0」的想法所得。為了確認這麼辛苦得來的$\frac{1}{3}$這個結果是否妥當，我們用定積分來算看看。

$$\int_0^1 x^2 dx = \frac{1}{3}(1)^3 - \frac{1}{3}(0)^3 = \frac{1}{3}$$

結果看來沒有問題。

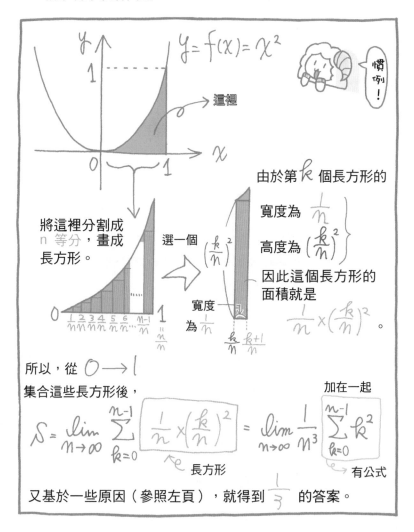

在上一頁中，總算是完成計算了，求出的面積似乎也是正確的，真是萬幸。

但是，用分部求積法求真的是相當辛苦，所以，最後還是會想用定積分求面積，這樣比較輕鬆。

基於這樣的緣故，接下來終於要導入定積分的公式了。

就歷史來說，這種用分部求積法求積分的方式從很早以前就存在了。只是在微分發明後，才發現積分是微分的逆運算。接著就來說明這之間的關聯。

不過，本書僅止於說明

大略的觀念

雖然實際上這裡的說明尚不完整，還必須加上其他說明來補強，且右頁的式子變化也不夠仔細，不過，那些事就交給其他書去做吧。前置作業就到這裡為止，現在就正式進入主題吧。

假設有一個 $y = f(x)$，現在要求出從 $x = a$ 到 $x = b$ 的範圍內的面積。其做法是，先將 a 到 b 的區間分成 n 等分，並將各 x 座標設為 x_k。長方形的寬度為 Δx。

想要求的面積可以用以下的式子來表現：

$$S = \lim_{\Delta x \to 0} \sum_{k=0}^{n-1} f(x_k) \Delta x$$

在這裡，將讓原始函數 $F(x)$ 出場。也就是微分 $F(x)$ 後，會變成 $f(x)$ 的 $F(x)$。

這裡要回想一下微分的定義。

$$f(x) = \lim_{\Delta x \to 0} \frac{F(x + \Delta x) - F(x)}{\Delta x}$$

是這樣的吧。

那麼，將這個 $f(x)$ 帶入 S 的式子吧。

$$
\begin{aligned}
S &= \lim_{\Delta x \to 0} \sum_{k=0}^{n-1} f(x_k) \Delta x \\
&= \lim_{\Delta x \to 0} \sum_{k=0}^{n-1} \frac{F(x_k + \Delta x) - F(x_k)}{\Delta x} \Delta x \\
&= \lim_{\Delta x \to 0} \sum_{k=0}^{n-1} (F(x_k + \Delta x) - F(x_k)) \\
&= \lim_{\Delta x \to 0} \begin{bmatrix} (F(x_n) - F(x_{n-1})) + \\ (F(x_{n-1}) - F(x_{n-2})) + \\ \cdots \\ (F(x_2) - F(x_1)) + \\ (F(x_1) - F(x_0)) \end{bmatrix}
\end{aligned}
$$

請注意，在最後的式子中，除了 $F(x_n)$ 和 $F(x_0)$ 以外，全部都被抵消了。而 $F(x_n)$ 就是 $F(b)$，$F(x_0)$ 就是 $F(a)$。

沒錯，得到答案了。

$$S = F(b) - F(a)$$

和定積分
一樣耶！

見第 132 ～ 135 頁

$$\int_a^b f(x) = F(b) - F(a)$$

沒錯。

165

61　用定積分求面積的函數

前面已經說明過，$\int_b^a f(x)\,dx$ 代表函數 x 在 a 到 b 的範圍內、$f(x)$ 函數和 x 軸之間的面積。

在這裡，我們將試著找出 $f(x)$ 在「從 0 到 x」的範圍內、表示和 x 軸之間的面積的函數。將「0 到 x」套入上面的式子後，會發現也可以設成：

$$\int_0^x f(x)\,dx$$

但如此一來，表示範圍的 x 和式子中的 $f(x)$ 或 dx 會無法區別出來。雖然這只是一點小技巧，而且由於 $\int_a^b f(x)\,dx$ 和 $\int_a^b f(t)\,dt$「完全」相同，因此，就把後者設定為「從 0 到 x」吧。換句話說，就是會變成：

$$F(x) = \int_0^x f(t)\,dt$$

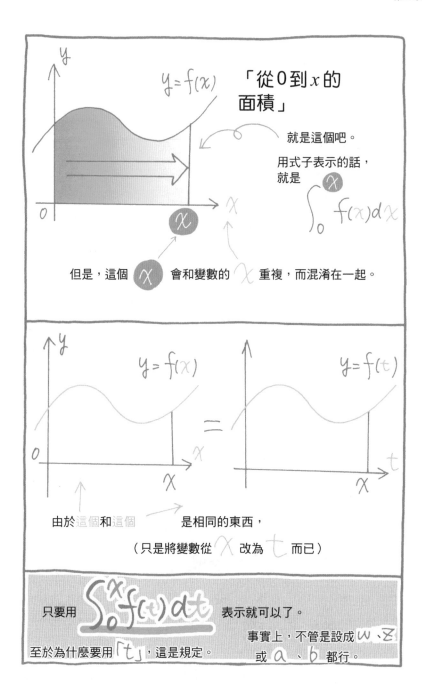

「從 0 到 x 的面積」

就是這個吧。

用式子表示的話，就是 $\int_0^x f(x)dx$

但是，這個 x 會和變數的 x 重複，而混淆在一起。

$y=f(x)$ ＝ $y=f(t)$

由於這個和這個是相同的東西，

（只是將變數從 x 改為 t 而已）

只要用 $\int_0^x f(t)dt$ 表示就可以了。

至於為什麼要用「t」，這是規定。

事實上，不管是設成 w、z 或 a、b 都行。

62　微積分學的基本定理

接下來，差不多該輪到證明 $f(x) = \dfrac{d}{dx}\displaystyle\int_0^x f(t)\,dt$ 這個公式了。

其實，這個公式有一個很艱深的名稱叫作「微積分學的基本定理」。為什麼會取這麼了不起的名字呢？這是因為當我們想要簡單地求出 x^2 等積分時，之所以只要進行微分的逆演算，就能很快地求出答案，都是多虧這個定理的幫忙。

回顧歷史，微積分就是因為發現微分與積分處於相反的關係，才會發展起來的。

過去，只要說到積分計算，就會像用分部求積法計算一樣，是非常麻煩的。而那也是因為發現這個定理（乍看之下似乎完全沒關係），才會用微分的逆運算來求出答案。換句話說，想要證明這項基本定理，就等於準備再次體驗這種衝擊性的發現。

不過，坊間的教科書只會寫著「微積分學基本定理的證明」，絲毫無法令人感受其中有著動人的故事。不過，這也不是沒有道理的。

舉例來說，電視是很偉大的發明，但對幾乎每天都在看電視的我們來說，如果沒有清楚說出「電視就是這樣製造出來的！」的發明祕辛，大概就只會有

「啊，是喔。」

這樣的反應而已吧。當然，只要能清楚說出原委，大概也會是個賺人熱淚的故事。因此，暫且不論本書能否清楚敘述這個證明，

還是希望本書的讀者們能夠

感受這股衝擊！

開場白太長了，接著就來證明這個公式吧。

公式的證明方式有好幾種，但藉由變形公式來證明的方法，就留給其他書籍去做吧。本書將從視覺上進攻。

先假設有一個函數 $f(x)$，以及由這個函數圍成的面積 $S(x)$。這時候，先找某一個 x 以及與 x 有微小距離的 dx。當 dx 前進時，面積 $S(x)$ 就會增加一點點。至於會增加多少，就在這裡使用代表「微小」意義的運算子，並以「$dS(x)$」來表現。如果用 dx 來表示這個面積，就可以將寬視為 dx、高視為 $f(x)$，因此，

$$dS(x) = f(x)\, dx$$

或許有人會認為，嚴格來說，高並不是 $f(x)$，但這裡是可以將高設為 $f(x)$ 的。由於微分的觀念是從高 $f(x)$ 幾乎沒有變化的微小寬 dx 這個地方發展出來的，因此在將 dx 拿出來討論時，在這個 dx 的前後，$f(x)$ 的高並沒有變化。換句話說，前提就在於可以當成 $f(x)$。重寫公式後，得到：

$$\frac{d}{dx} S(x) = f(x)$$

但是，$S(x)$ 也等於 $\int_0^x f(t)\, dt$。因此，就會出現：

$$\frac{d}{dx} \int_0^x f(t)\, dt = f(x)$$

這個就是積分學的基本定理了。

這麼簡單就完成了，是不是感到很意外呢？事實上，本書在證明方面，最多就是做到這個程度而已。因此，若是一般書籍，大概會在這裡就結束基本定理的說明，並換頁進入下一個主題。

但是，難纏的我卻希望各位讀者能在這裡發揮一下想像力。

對平日用慣網路、手機等工具的我們而言，收音機的發明在今日似乎已成了小事一樁。但是，請想一下，如果沒有收音機，那會怎麼樣呢？

同樣地，這樣的道理也包含在這個微積分學定理的證明裡。

沒有微分的知識，是很難踏上積分之路的。但是，人類卻必須在2000年之中經歷那樣的辛苦。換句話說，是這項基本定理的發現，解救了長期奮戰的人類。

看，是不是感覺到其中的動人之處了？

好像有點強迫推銷吧（笑）。

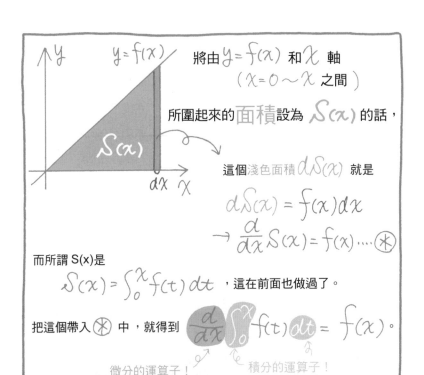

將由 $y = f(x)$ 和 x 軸（ $x = 0 \sim x$ 之間）所圍起來的 面積 設為 $S(x)$ 的話，

這個淺色面積 $dS(x)$ 就是

$$dS(x) = f(x)dx$$
$$\rightarrow \frac{d}{dx}S(x) = f(x) \cdots ⊛$$

而所謂 S(x) 是

$$S(x) = \int_0^x f(t)\,dt$$

，這在前面也做過了。

把這個帶入 ⊛ 中，就得到 $\frac{d}{dx}\int_0^x f(t)\,dt = f(x)$ 。

微分的運算子！　　　積分的運算子！

難怪會說，
「微分的相反就是積分」就是造成爭論的原因！
不過，你不知道證明方法也沒關係喔！

偉大的數學家牛頓與萊布尼茲幾乎是同時在不同的研究中發現這個理論的。

但是為了發明，兩人長達25年的訴訟，誰先證明了。

哇～天才之間的吵架啊。

63　負的面積？

到目前為止，都是使用積分來求面積，但如前面所說明的，積分並不等於面積。將用乘法算出的值相互加起來後就是積分，因此，只要「乘法算出的值」是負數，相互加起來的值當然也會是負數。

沒錯，定積分的結果有時候也會是負數。如果在這裡思考

負的面積？

這種哲學性問題的話，肯定會更感到非常莫名奇妙，總而言之，重點就是「乘法算出的值是負數，而將這些值相加的結果也會是負數」。至於為什麼會是負數呢？理由有兩個。

一個是當 $f(x)$ 的值為負數時。所謂的 $f(x)$，就是函數的「y 座標」。既然是座標，當然也會有負數。因此，若在 $f(x)$ 為負的地方進行積分，所獲得的結果當然就會是負數。

另外一個是當積分的方向為逆向時。寫成公式的話，就是：

$$\int_a^b f(x)dx = -\int_b^a f(x)dx$$

很抱歉，突然在這裡拿出新的公式，而且感覺只是在賣弄符號，非常奇怪。不過，只要仔細看這個公式，應該會恍然大悟，並笑著說「哈哈！原來如此」吧。這是因為等號兩邊的積分符號所指定的範圍恰好是相反的。

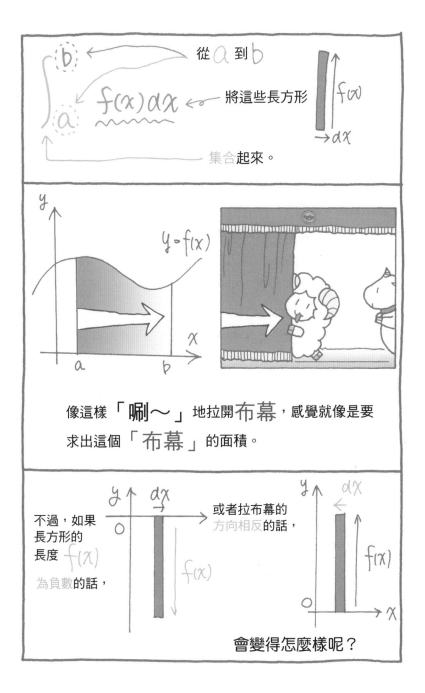

$$[F(x)]_a^b = F(b) - F(a) \text{、} [F(x)]_b^a = F(a) - F(b)$$

這樣就可以知道兩邊的加減是相反的。

前面已經說明許多次，「dx是x軸方向的微小寬度」。但是，過去說明的重點似乎是在「微小寬度」上。事實上，「x軸方向的」這個部分也是重點，也就是說，如果是在「x軸的正向」，就要將 dx 視為正的來計算；而如果是在「x軸的負向」，就要將 dx 視為負的來計算。

總而言之，$f(x) \times d(x)$ 就是兩個數值的乘法計算。只要雙方皆為正數或皆為負數，相乘的結果就會變成正數。但如果有一方為正數，或有一方為負數，相乘的結果就會變成負數。

一般都會想成是在「x軸的正向」。如果不這樣做，就會很麻煩。

因為，人類以正數來思考是很自然的

不過，即使以逆向來計算，只要確實思考符號的意義，就沒有問題了。

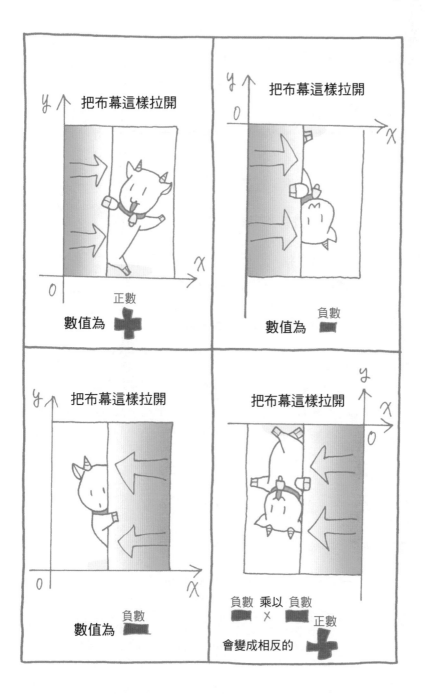

64　請求出面積（一）

　　前面提過好幾次了，積分只是將 $f(x) \times d(x)$ 全部加起來而已，因此，當想求面積時，如果什麼都不考慮，只是單純地對函數定積分的話，就會失敗。

　　在我們的人生中，大部分的事情都是一樣的，

什麼都不考慮就做的話，將會失敗

相信這點的人會得救，這不僅適用於積分而已。

　　舉例來說，下面這種狀況會怎麼樣呢？

例題：請求出當 $f(x) = (x-1)(x+1)$ 時，
由 $y=f(x)$ 和 x 軸所圍出的面積

　　由於這個函數是二次函數，所以畫出的圖形會是拋物線，頂點為 $(0, 1)$，當 $x = 1, -1$ 時，會和 x 軸相交。換句話說，只要在 x 從-1 到 1 的範圍內進行定積分就可以了。因此，你會覺得只要計算：

$$\int_{-1}^{1} (x-1)(x+1)dx$$

就可以了。

是的，你答錯了

　　只要看圖形就知道了。由於會出現「 y 座標變成負數」的狀況，所以 $f(x) \times d(x)$ 會出現負數。那麼，應該怎麼做呢？

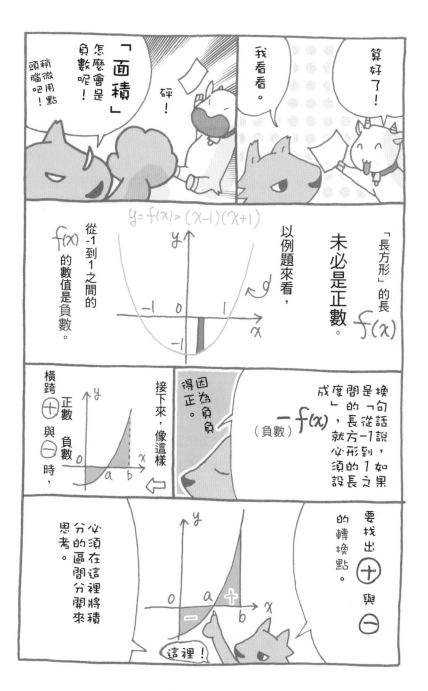

算好了！
我看看。
砰！
「面積」怎麼會是負數呢！
稍微用點頭腦吧！
「長方形」的長 f(x)
未必是正數。
以例題來看，
y=f(x)=(x-1)(x+1)
y
x
-1
0
1
-1
從-1到1之間的
f(x) 的數值是負數。
換句話說，如果
是「從-1到1之
間的長方形的長
度」，就必須設
成 −f(x)（負數）
因為負負得正。
接下來，像這樣
y
x
0
a
b
橫跨⊕正數與⊖負數時，
要找出⊕與⊖的轉換點。
y
x
0
a
b
+
−
這裡！
必須在這裡將積分的區間分開來思考。

65 請求出面積（二）

在剛才的例題中，如果只是單純地寫出式子，$f(x) \times d(x)$ 就會出現負數。由於在這裡要求的是「面積」，因此，想要求的並不是 $f(x)$ 的「座標」，而是從 x 軸開始的「長度」。既然已經知道座標會變成負數，那麼，在將其設為長度時，只要事先加上負數的符號就可以了，也就是只要寫成 $\int -f(x)\,dx$ 這樣的式子。

必須毫不猶豫地加上負號，甚至還必須提醒自己

不做任何思考就照公式寫出式子是很丟臉的事！

以座標來說，是「$f(x)$」，但長度必須是正數，所以就要寫成「$-f(x)$」，而這裡的面積就是「$\int -f(x)\,dx$」。

例題：請求出由 $y = (x-1)(x-2)(x-3)$ 和 x 軸所圍出的面積

$$\text{解答：} \int_{1}^{2} (x-1)(x-2)(x-3)\,dx + \int_{2}^{3} -(x-1)(x-2)(x-3)\,dx$$

必須像這樣，視狀況分割積分的範圍，並寫出式子。

如果不注意這種細節，就會出現面積為負數，或者全部抵消而變成零的狀況。由於題目是「請求出面積」，若出現零或負數的面積就太奇怪了。不過，這世界上還是有相當多少根筋的人，會不加思索地寫出「負多少」這種答案。

66   積分的本質

前面已經說過好幾次了，積分的目的在於求面積，但是在這裡，我必須要向大家道歉。因為

對不起，那是有點騙人的

我在前面提過「意義上的積分」和「計算方式上的積分」，請大家再看一次後者的式子：

$$\int (f(x) \times dx)$$

如果單純地解讀這個式子，會變成

將分割後的細小東西相乘並全部加起來

面積這個用語未必是正確的。為什麼呢？舉例來說，$f(x)$ 或許是斷面積的函數喔。如果將斷面積和微小的厚度相乘後，會變成什麼呢？答案是體積吧。

沒錯，用積分求面積，這只是其中一種結果而已。所謂積分，就是先分割成細小的東西後，再全部加起來的一種

技巧

據說以前也曾經將積分稱為「求積法」，這個詞彙用得真好，因為不管是求面積或體積都適用。

而在物理學中，也會對各種物理量（速度或電荷等）進行積分。目前積分的利用已經超過求積這個用語的範疇了。

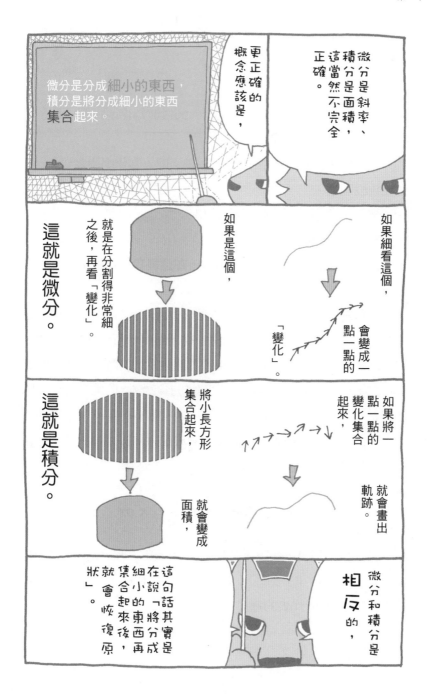

微分是斜率、積分是面積，這當然不完全正確。

更正確的概念應該是，

微分是分成細小的東西，積分是將分成細小的東西集合起來。

如果細看這個，會變成一點一點的「變化」。

如果是這個，

就是在分割得得非常細之後，再看「變化」。

這就是微分。

如果將一點一點的變化集合起來，就會畫出軌跡。

將小長方形集合起來，就會變成面積，

這就是積分。

微分和積分是相反的，

在這句「話其實是將分成細小的東西再集合起來後，就會恢復原狀」。

　　接下來將介紹一些實踐的例子。到目前為止，我們只是在重新求上天賜予的「公式」而已。

　　三角形面積的公式是「底×高÷2」吧。為什麼要除以2，這你能夠說明吧。

　　那麼，你能夠說明圓錐體積公式「底面積×高÷3」中「÷3」的原因嗎？

　　初等幾何的證明似乎相當困難。在這裡我們就用積分來思考吧。

　　要將圓錐的高設為 h，將底部的半徑設為 r。將圓錐的中心軸設為 x 軸，將頂點設為原點。如果在從頂點到 x 的高度橫向切開，這裡的斷面積會是多少呢？如果是將圓錐縱切的斷面，那麼在高 h 的地方，半徑會是 r，因此，從圓錐的尖端到 x 的地方的半徑應該就是 $x \div h \times r$。根據例子的狀況，讓「微小寬度 dx」出場，並思考 x 部分的極狹窄範圍，就可以看成是大致接近圓柱體；而如果是圓柱體，求體積就很簡單了。

$$（圓柱的體積）= \pi \left(\frac{x}{h} r \right)^2 \times dx$$

　　當圓柱出現後，接下來就移動 x 進行積分吧。當然，移動範圍是從頂點（＝ 0）到底部（＝h）為止。移動，然後全部加起來，這就是 $\int$ 所代表的意思。

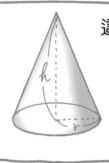 ## 這個三角錐的體積是

$$\frac{1}{3}\pi h r^2$$

這在中學就學過了。

當時是被強迫背起來的吧。

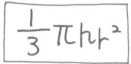
但是，為什麼是 $\frac{1}{3}$ 呢？
這個謎題現在可以解開了。

如果思考從頂點到 x 的橫向斷面圖，

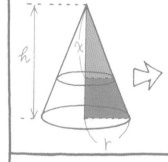  

這裡的半徑是
$$h : r = x : \textcircled{}\ ,$$
$$\textcircled{} = \frac{rx}{h}$$
對吧？

圓形面積的公式是（半徑）×（半徑）× π，

因此，斷面積是

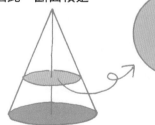
$$\frac{r}{h}x = \pi\left(\frac{r}{h}x\right)^2$$

x 的二次函數

$$（圓錐的體積）= \int_0^h \pi \left(\frac{x}{h}r\right)^2 dx = \left[\pi \times \frac{1}{3}x^3 \times \frac{r^2}{h^2}\right]_0^h = \frac{1}{3}\pi hr^2$$

這樣就可以求出圓錐的公式了，確實是底面積×高÷3。

那麼，這個「÷3」到底是什麼呢？

在小學所學的「相似」的概念中，會學到面積是距離比的二次方（怎麼會學這麼難的東西）。

由於要積分這「二次方的比」，「$\frac{1}{3}$」就出現了。

因此，這裡雖然是證明圓錐的狀況，但不論底面為何種形狀，只要使用面積比會是距離比的二次方，就可以知道「如果是錐體，乘以 $\frac{1}{3}$ 就可以了」。

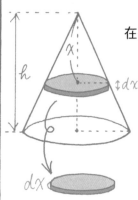

在這裡，如果要算出**寬度**只有 dx 這麼小如火腿片的體積，其公式如下：

火腿片的體積

= (斷面的圓形面積) × 厚度

$$= \pi \left(\frac{r}{h}x\right)^2 \times dx$$

只要將 x 從 0 到 h 的部分全部加起來，就可以算出這片火腿的體積了。

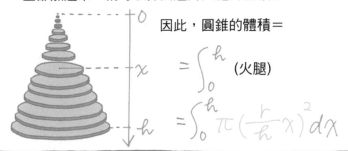

因此，圓錐的體積＝

$$= \int_0^h (火腿)$$

$$= \int_0^h \pi \left(\frac{r}{h}x\right)^2 dx$$

如果讓 x 當主角，就會變成單純的二次函數！

$$\int_0^h \left(\pi \frac{r^2}{h^2}\right) x^2 dx = \left[\left(\pi \frac{r^2}{h^2}\right) \cdot \frac{1}{3}x^3\right]_0^h$$

$$= \frac{1}{3}\pi \frac{r^2}{h^2}\{h^3 - 0^3\} = \frac{1}{3}\pi \frac{r^2}{h^2} \times h^3$$

$$= \frac{1}{3}\pi h r^2 !!$$

因為是在積分的二次函數，所以 $\frac{1}{3}$ 就出現了。

✦ 68　球體的體積

接下來是「球體」。

球的體積是 $\frac{4}{3}\pi r^3$。前面已經學了這麼多積分的概念，在此想問問各位，你們有沒有感覺到，這個 r^3 和 $\frac{1}{3}$ 似乎有什麼關係呢？

半徑為 r 的圓形方程式為 $x^2 + y^2 = r^2$。如果將這重新寫成「$y =$」的形式，會變成：

$$y = \pm\sqrt{r^2 - x^2}$$

這次只要思考這個正數的部分就好了。

$$y = \sqrt{r^2 - x^2}$$

把這個半圓轉一圈，變成球體。那麼，如果還是將 x 的部分看成「圓柱體」，則該微小體積就是：

$$\pi\left(\sqrt{r^2 - x^2}\right)^2 dx = \pi(r^2 - x^2)dx$$

如果用 $-r$ 到 r 對這個進行積分，就會變成：

$$\int_{-r}^{r}\pi(r^2 - x^2)\,dx = \left[\pi\left(r^2 x - \frac{x^3}{3}\right)\right]_{-r}^{r} = \frac{4}{3}\pi r^3$$

由於是將「二次方」的東西進行積分所得，所以，終究還是會變成「$\frac{1}{3}(\cdots\cdots)^3$」的樣子。

以前學過**球體**的體積公式是

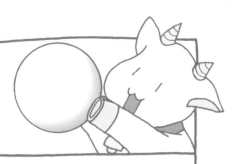

$$\frac{4}{3}\pi r^3$$ 吧。

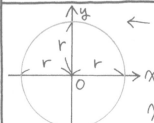

← 圓形的圖形是這樣。

如果把這個改成 $y = \bigcirc\bigcirc\bigcirc$ 的形式，就會變成：

$$x^2 + y^2 = r^2 \implies y = \pm\sqrt{r^2 - x^2}$$

只看上半部，將這個沿著 x 軸轉一圈後，就會形成球體。

$$y = \sqrt{r^2 - x^2}$$

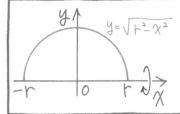

看 x 的**薄火腿片**，

其半徑為 $\sqrt{r^2 - x^2}$，

因此，火腿的**圓形面積**為
半徑乘以半徑乘以 3.14

$$\left(\sqrt{r^2 - x^2}\right)^2 \times \pi = \pi(r^2 - x^2)$$

如果將火腿的厚度設為 dx，**火腿** $= \pi(r^2 - x^2)dx$。

由於要將從 $-r$ 到 r 的 x 全部加起來，所以球的體積就是：

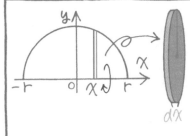

$$\int_{-r}^{r} \pi(r^2 - x^2)dx = \left[\pi\left(r^2 x - \frac{1}{3}x^3\right)\right]_{-r}^{r} = \frac{4}{3}\pi r^3$$

69　積分的策略

接下來將複習前面提過的積分的算法。積分的基本概念是

思考微小的部分，並集合起來，形成有意義的東西

在「集合起來」這個部分的計算中，都是使用前面一直練習的算法（積分是微分的逆運算）。

積分的算法給人的感覺有：

① 分割的方式

② 依照分割的方式寫出式子

③ 計算（積分）式子

如果要大致區分為兩類，那麼，①和②屬於「寫出式子」的階段，③則屬於「解出式子」的階段。

哪一種會用到大腦呢？

當然每一種都必須使用大腦，但在前面的例子中，後者解式的部分都只是機械性的操作而已。但前者的「該如何分割、寫出式子呢？」的部分，就必須絞盡腦汁了。換句話說，

如何寫出式子是非常重要的

實際上，就算會寫出式子，也未必能夠進行積分。因為式子的寫法有時候也會造成無法積分的狀況。

在途中將公式背起來

從頭開始創造公式

如果兩種方式都能看到相同的風景，
你要利用哪一種方式前往呢？

當然要選比較輕鬆的啊！

結果都是一樣的嘛～

你看，途中還可以看到花朵。

過程是很重要的！

70　用物理創造公式

　　接下來將利用微分和積分來做一些練習。練習內容將會使用
到物理。由於微分和積分本來就是為了物理而發明的，所以物理
和微分、積分最合了。相信一定有很多人在學物理時，被迫背了
很多公式，但是，許多的物理公式都可以根據一點點微分積分的
基本法則，來創造出來。

　　話說回來，物理和數學的差異在哪裡呢？物理存在著一種
「這就是物理」的式子，這就是差異點。剩下的式子變形就和數
學一樣了。只要配合條件、帶入條件，就可以得到答案。

　　那麼，所謂的「這就是物理」的式子又是什麼呢？這類式子
有好幾個，其中一個就是「$F = ma$」。說到物理，就會想到「只
要施力，彈簧就會縮短或怎麼樣的」之類的理論。那麼，那個
「力」是什麼東西呢？牛頓給的定義是「力就是會讓某種質量產
生加速度的東西」。如果突然列出式子給大家看，可能會有人感
到混亂，但還是大致寫一下吧。如果將力設為 F，將質量設為 m，
將加速度設為 a，那麼，

$$F = ma$$

　　也就是「力＝質量×加速度」。力和質量成正比，這一點大
致可以瞭解。和輕的物體比起來，重的物體會產生比較大的
「力」。但是，「加速度」又是怎麼一回事呢？

　　用具體的例子來說明。

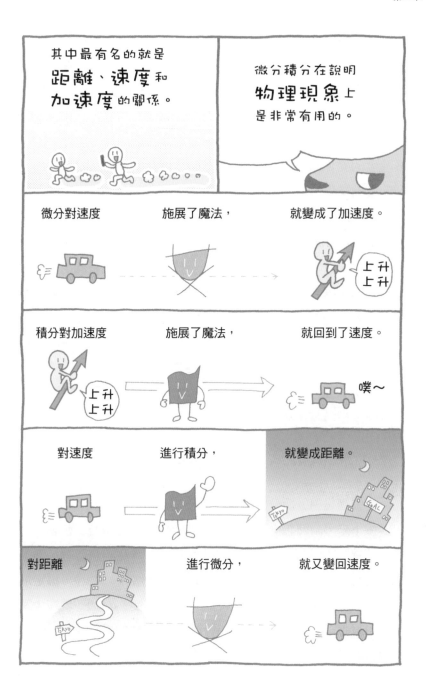

請想像要搭飛機從東京到大阪。「位置 x 在某段時間 t 後，會產生什麼變化呢？」我們把這個稱為「速度」。「x 在 t 的期間內，產生多少變化？」就是用 t 微分 x，也就是「$\dfrac{dx}{dt}$」。接著，來想一想這個速度的變化。飛機起飛時會加速，亦即速度會從 0 逐漸加快；經過一段時間後，就會以固定的速度飛行（這時候速度的變化為 0）；等到要降落時，就會減速，亦即速度會往負的方向變化。

　　這種速度的變化率就稱為「加速度」。速度與加速度的關係和「距離的變化率就是速度＝距離的微分就是速度」的概念相同，所以，「速度的微分就是加速度」。由於速度是以時間 t 微分 x 所得到的，因此可以說「只要將距離（用時間 x）做二階微分，就會得到加速度」。補充說明一下，微分兩次就稱為「二階微分」。由於是從英文「floor」翻譯過來的，所以使用「階」這個字，並不是和「回」弄錯了，這很容易讓人產生混淆。二階微分的表記方式是 $\dfrac{d^2x}{dt^2}$。雖然分子和分母二次方的位置有些微的差異，但還是請將這解釋為

$$\frac{d}{dt}\left(\frac{d}{dt}x\right)$$

　　括弧裡是對 x 微分，就是再微分一次的意思。

　　接下來，請回想一下剛才的 $F = ma$。飛機起飛時，會感受到「加速感」；降落時，會感受到「減速感」；穩定飛行時，則不會感覺到力。換句話說，起飛時（速度逐漸增加）$a > 0$，穩定飛行時（速度無變化）$a = 0$，減速時（速度變慢）$a < 0$。現在大家應該可以瞭解力和加速度的關係了吧。而這裡如果將速度 a 改用「距離的二階微分」來表現，就會變成

試著將左頁的例子畫成圖形。

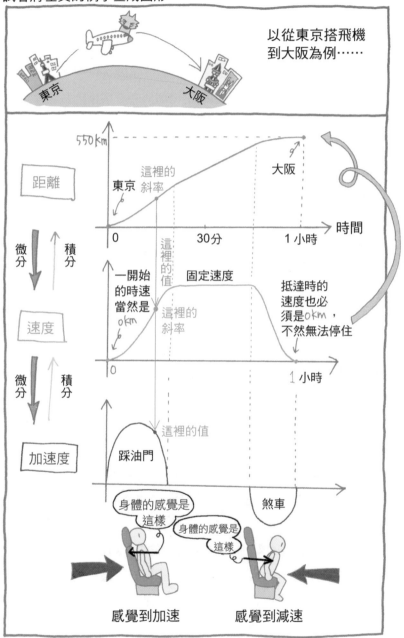

$$F = m\frac{d^2x}{dt^2}$$

這是物理的關係式,也就是能表現「這就是物理」的公式。為什麼這種公式可以表示「這就是物理」呢?那是因為將左邊與右邊連起來的「＝」

無法用數學的方式說明

但是,如果從這個公式出發,並轉換為數學形式時,就可以順利說明現實中的現象。因此,也只能說這個等號會成立,是自然造成的。因此,在物理上並未追究其理由,就只是用「＝」將「力(F)」與「質量×加速度」連起來,並認同這是成立的。而只要認同這個公式,接下來就是數學的問題了。

那麼,我們就來使用這個公式吧。當某個物體受力時,會如何運動呢?在步驟上,我們先來求物體的受力,然後再把結果放進「物理式」的 F 裡,這樣就可以求出該物體「表示運動的方程式」。接下來,只要解開這個方程式,就可以求出物體的運動。像這個方程式這樣,將微分放入公式裡的方程式就稱為「微分方程式」。

以物體的受力而言,地球上最單純也最簡單的力量就是「重力」。我們以質量 m 的球為例來思考,如果將這顆球輕輕地放開,會有什麼樣的結果呢。

牛頓說,分開的2個物體相互作用的力(將質量設為 M、m,物體間的距離設為 R,萬有引力常數設為 G)為

$$F = G\,\frac{Mm}{R^2}$$

其中根據萬有引力定律：$G = 6.67259 \times 10^{-11} m^3 s^{-2} kg^{-1}$。雖然球和地球會因為這個力而相互拉扯，但由於對象是地球，縱使球多少會有點移位，但 M 和 R 幾乎是完全沒有變化的。這時候，

$$F = \left(\frac{GM}{R^2}\right)m$$

括弧裡的結果大致上是固定的，因此，可以簡單用「g」這個字母來取代（這是重力 gravity 的首字母。這個 g 有個名字叫作「重力加速度」）。如此一來，公式就會變得更加簡單：

$$F = mg$$

而這正是一種由重力所造成的「力」。

求出「力」後，再放進「物理式」裡，接下來就交給數學了！

這樣就可以說明物體的運動了。那麼，現在就來做做看吧。將剛才求出的 mg 與物理式 $F = m\dfrac{d^2x}{dt^2}$ 的 F 代換。

$$mg = m\,\frac{d^2x}{dt^2}$$

接下來就是數學的問題了。由於 m 並不是 0，因此，將兩邊的 m 消掉（兩邊都除以 m）之後，就變成

$$\frac{d^2x}{dt^2} = g$$

（左邊與右邊對調了）。接著，再用 t 積分兩邊，就會變成

$$\frac{dx}{dt} = gt + C \text{（} C \text{ 為積分常數）}$$

$\frac{dx}{dt}$ 本來是「速度」。換句話說，這是速度和時間的關係式。那麼，積分常數 C 是多少呢？如果放入 $t = 0$，就是 $\frac{dx}{dt} = C$，換句話說，初速度就是 C。由於剛才是「將球輕輕地放開」，因此初速度可以視為 0。因此，$C = 0$ 會讓 $\frac{dx}{dt} = gt$ 成立，而這個式子就會成為「表示在時間 t 的速度的公式」。

接著，再繼續用 t 對這個公式的兩邊進行積分，就會變成：

$$x = \frac{1}{2}gt^2 + D \text{（} D \text{ 為積分常數）}$$

$t = 0$ 時的位置設為多少都可以（因為只會影響到 D），但一開始的位置仍要設為 0，這樣比較容易理解。如果要在 $t = 0$ 的條件下，讓 $x = 0$ 成立，只要將 D 設為 0 就行了。因此，重新改寫後，就會變成：

$$x = \frac{1}{2}gt^2$$

而這就會成為「表示球在時間 t 的位置 x 的公式」。

g 在地表附近是 $9.8\ m/s^2$，這是眾所周知的，因此，只要不管空氣阻力，將球放開 10 秒後，球就會往下落到 490 m 的地方，而這時候的速度是每秒 98 m（時速為 350 km）。那麼，如果是「從 15 m 的高度將球往下丟」，結果會如何呢？由於 $15 = \frac{1}{2}gt^2$，因此會得到 $t = 1.75$，所以球會在 1.75 秒後到達地面。而這時候的速度是每秒 17 m（時速 62 km）。在現實中，速度越快，空氣阻力越大，

只考慮重力，

思考將球往下丟時的情況。

由於 $F = m \dfrac{d^2x}{dt^2}$，且在實驗後 $F = mg$，因此，

$m \dfrac{d^2x}{dt^2} = mg$。

重力只和球的質量成正比！

m 是「質量」，因此，只要是這個地球上的物體，當然就不可能會是零。

將兩邊除以 m，　$\dfrac{d^2x}{dt^2} = g$　**積分** ➡ $\dfrac{dx}{dt} = v(t) = gt + C$

速度

$t = 0$ 時的 初速度

這種時候，通常不是用 C，而是用 V_0 等來表示。

$t = 0$ 時的 開始位置

再進一步積分 ➡ $x = \dfrac{1}{2}gt^2 + V_0 t + D$ ← 開始位置

因此，如果一開始是在 ○ 地點，初速度也是 ○ 的話，

七秒後，球就會落在 $x = \dfrac{1}{2}gt^2$ 的地方。

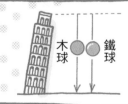
木球　　鐵球

這個式子裡沒有 m，也就是說，即使球的重量不同，從比薩斜塔落到地面的時間都是一樣的。

所以實際上並不會出現這樣的結果，但如果是在真空中，大致就會和計算的結果一樣。然而，若將空氣阻力加入計算，會變得很麻煩，所以在物理題目中，經常會看到「不管空氣阻力」之類的前提。

接著，來思考以初速度 V_0 將球往上拋的狀況。施加在被往上拋的球上的力只有重力，因此，可以忽略空氣阻力。將初速度 V_0 分別從 x 方向、y 方向思考，並分別設為 V_x 和 V_y。x 方向為水平方向，y 方向為垂直方向，其中 y 方向會有重力。

在這裡，如果隨意將剛才的

$$x = \frac{1}{2} g t^2$$

的 x 改為 y，就會出錯。物理的起點為 $F = ma$。在這之前，公式都是利用微分積分進行計算所求出來的。因此，起點務必要從 $F = ma$ 來求才行。因此，首先要寫的就是 $F = m \times \frac{d^2 y}{dt^2}$。接下來是重力，這時候必須考慮「座標軸的方向」。如果將往上的方向決定為 y 座標的正向，重力就是 mg，但重力作用的方向就會變成負的。也就是說，要設成 $F = -mg$。接下來只要和先前一樣進行即可。而如果寫成等式，就是：

$$m \times \frac{d^2 y}{dt^2} = -mg$$

兩邊都有 m，且 m 不是零，因此，為了讓計算更輕鬆，就先將兩邊除以 m。如此一來，就會變成：

$$\frac{d^2 y}{dt^2} = -g$$

接著用 t 對這個式子的兩邊進行積分，就會變成：

$$\frac{dy}{dt} = -gt + C\,(C\,為積分常數)$$

$\frac{dy}{dt}$ 是以時間 t 對 y 微分後的結果，也就是 y 方向的速度。特別是在 $t = 0$ 時，$\frac{dy}{dt}$ 就是「初速度」。在 $t = 0$ 時，gt 是零，因此，如果 y 方向的初速度是 V_y，積分常數 C 就必須是 V_y，否則就不對了。

$$\frac{dy}{dt} = -gt + V_y$$

如果再進一步用 t 對上式進行積分，會得到：

$$y = -\frac{1}{2}gt^2 + V_y t + D\,(D\,為積分常數)$$

當 $t = 0$ 時，y 就是 0（因為是以此為基準）。如此一來，為了讓這個式子成立，積分常數 D 就必須是 0。因此，重寫式子後，會變成：

$$y = -\frac{1}{2}gt^2 + V_y t$$

這樣就能求出 y 座標與時間 t 的關係了。另外，在 x 方向的部分，只要忽略空氣阻力，就不會有任何力量產生作用，即 $F = 0$。

$$F = m \times \frac{d^2x}{dt^2}$$

因此，

$$0 = m \times \frac{d^2x}{dt^2}$$

由於這裡的 m 也不是 0，因此，將兩邊除以 m，將 m 去掉。如此一來，就會得到：

$$0 = \frac{d^2x}{dt^2}$$

接著，照慣例用時間 t 進行積分，可得到：

$$\frac{dx}{dt} = C \text{（} C \text{ 為積分常數）}$$

在 $t = 0$ 時速度應該是 V_x，這是因為 $C = V_x$。

$$\frac{dx}{dt} = V_x$$

接著再用時間 t 進行積分，就可得到：

$$x = V_x t + D \text{（} D \text{ 為積分常數）}$$

當 $t = 0$ 時，$x = 0$（和 y 一樣，以那裡為基準），因此，積分常數 D 會變成 0。從上面可得到以下的式子：

$$\begin{cases} x = V_x t \\ y = -\frac{1}{2}gt^2 + V_y t \end{cases}$$

將第一個式子重寫成 $t = \dfrac{x}{V_x}$，並帶入第二個式子。

$$y = -\frac{1}{2}g\left(\frac{x}{Vx}\right)^2 + V_y\left(\frac{x}{Vx}\right)$$

這個式子到底是什麼東西呢？

將剛才進行的式子變形就是俗稱的「消 t」。如此一來，就可以完成一個和 t 沒有關係的、表示「x 和 y 的關係」的式子了。「和時間 t 無關的 x 和 y 的關係」就稱為「軌跡」。換句話說，這個式子就是表示將球以初速度 V_0 往上拋時的軌道。如果仔細看式子，會發現這是 x 的二次函數，而其軌道就是我們所說的「拋物線」。在這裡，我們已接近「拋物線」名稱的由來。沒錯，如果求上拋的軌道，就會得到 $y =$（x 的二次函數）的形式。

如上所述，雖然進度很快，但還是試著用微分和積分來表現物理現象。

微分積分不只可以用來說明物理的「力學」，也可用來說明「電磁學」和「波動」等。如果有機會的話，請務必要挑戰一下。微分積分是一項非常棒的工具，難得有這樣的學問，請各位務必要活用這項工具，來深入理解事物的本質。

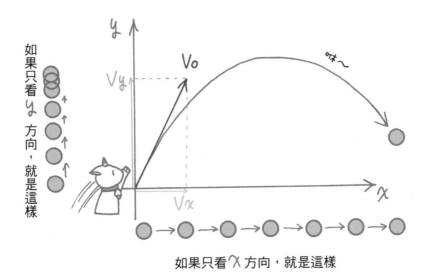

如果只看 y 方向，就是這樣

如果只看 x 方向，就是這樣

✦ 後記

　　Medaka-College 編撰的微積分怎麼樣呢？搭配森皆捻子小姐的插圖，感覺連呆板的數學也變得相當活潑，雖然內容還是相當的難。不過，有些地方還是挺容易懂的吧。入門書的內容其實不需要全部理解，只要瞭解簡單易懂的部分，這樣就足夠了。

　　不只是數學而已，對於任何學問，都沒有人可以藉由一本入門書就透徹瞭解。在我們的人生中，就是從某本書學來一點，又從某人身上學來一些，像這樣到處收集智慧與知識，並藉此培養出自己本身的內涵。因此，看完本書若還不懂的部分，請再去看看其他相關書籍的說明。如果看完其他書還是不懂，就再找另外一本，或者回過頭來再複習一次本書也行。在這樣的過程裡，促成理解的神仙總有一天會降臨的。就如同「前言」寫過的一樣，

所謂入門，本來就是這樣的東西

　　在編寫這本書時，得到許多人士的建議、想法及忠告。其中要特別感謝提供許多點子的裕也先生、仔細校正的有本先生、竹本先生與廣瀨先生，真的非常非常感謝。

　　還有讓本書有問世的機會，並陪我們到最後的編輯石鳩先生，謝謝您。

　　最後，要感謝看完本書的各位讀者，我們就此擱筆了，期待下次相會。

石山 平‧大上丈彥

內文‧構成：

Medaka-College

艱深的專業書籍並不是在
傳達艱深的概念。之所以
無法做出簡單易懂的說明，
是因為自己也不懂。
https://www.medaka-college.com/

啊嗚～

啊啊～

漫畫：森皆捻子

醫師兼漫畫家

呼～

http:www.nejiko.net/

想起高中時為了聯考拼命唸書的辛苦，
一直提醒自己要畫得讓大家容易看懂。
祝看完本書的讀者們幸福。

Heavy Rotation BGV：岡村靖幸 Live 家庭教師'91
早安少女組。巡迴演唱會 2007 春 ～SEXY 8 BEAT～

國家圖書館出版品預行編目資料

3 小時讀通微積分（漫畫版）/ 石山平, 大上
丈彥合著 ; 陳玉華譯. -- 初版. --
新北市新店區：世茂, 2010.02
　面； 公分. --（科學視界 ; 129）
漫畫版
含索引
ISBN 978-986-6363-35-1（平裝）

1. 微積分　2. 漫畫

314.1　　　　　　　　　　　　98021971

科學視界 129

3 小時讀通微積分（漫畫版）

作　　者／石山平、大上丈彥
監　　修／Medaka-College
譯　　者／陳玉華
主　　編／簡玉芬
責任編輯／謝佩親
出 版 者／世茂出版有限公司
負 責 人／簡泰雄
登 記 證／局版臺省業字第 564 號
地　　址／（231）新北市新店區民生路 19 號 5 樓
電　　話／（02）2218-3277
傳　　真／（02）2218-3239（訂書專線）、（02）2218-7539
劃撥帳號／19911841
戶　　名／世茂出版有限公司　單次郵購總金額未滿 500 元（含），請加 80 元掛號費
酷 書 網／www.coolbooks.com.tw
排版製版／辰皓國際出版製作有限公司
印　　刷／祥新印刷股份有限公司
初版一刷／2010 年 2 月
　十二刷／2022 年 1 月

I S B N／978-986-6363-35-1
定　　價／280 元

Manga de Wakaru Bibun Sekibun
Copyright © 2007 by Taira Ishiyama and Takehiko Ohgami
Illustrations copyright © 2007 by Nejiko Morimina Supervision by Medaka College
Chinese translation rights in complex characters arranged with Softbank Creative Corp., Tokyo
through Japan UNI Agency, Inc., Tokyo and Future View Technology Ltd., Taipei